“十二五”职业教育国家规划教材
经全国职业教育教材审定委员会审定

计算机网络安全

汪双顶 陆沁 ◎ 主编
徐玲 练源 傅彬 ◎ 副主编

人民邮电出版社
北京

图书在版编目（CIP）数据

计算机网络安全 / 汪双顶，陆沁主编. -- 北京 : 人民邮电出版社，2016.8（2024.1重印）
“十二五”职业教育国家规划教材
ISBN 978-7-115-42853-0

Ⅰ. ①计… Ⅱ. ①汪… ②陆… Ⅲ. ①计算机网络－安全技术－职业教育－教材 Ⅳ. ①TP393.08

中国版本图书馆CIP数据核字(2016)第140679号

内 容 提 要

本书全面地介绍了计算机网络安全领域中的安全实施和安全防范技术。全书共分为 9 个项目，内容包括认识身边的网络安全、防范计算机网络病毒、保护用户账户安全、修复网络系统漏洞、网络数据防护、网络攻击和防御、保护交换网络安全、保障不同子网之间的安全、排除网络安全故障等计算机网络安全基础技术及技能训练。

本书在结构上采取“问题引入—知识讲解—知识应用”的方式，充分体现了项目教学和案例教学的思想，并以提示的方式对重点知识、常见问题和实用技巧等进行补充介绍，从而加深理解，强化应用，提高实际操作能力。

本书可作为职业院校计算机及相关专业基础课程的教材，也可作为计算机网络培训班的培训教材和计算机网络爱好者的自学参考书。

◆ 主　　编　汪双顶　陆　沁
副 主 编　徐　玲　练　源　傅　彬
责任编辑　桑　珊
执行编辑　左仲海
责任印制　焦志炜

◆ 人民邮电出版社出版发行　　北京市丰台区成寿寺路 11 号
邮编　100164　　电子邮件　315@ptpress.com.cn
网址　http://www.ptpress.com.cn
北京科印技术咨询服务有限公司数码印刷分部印刷

◆ 开本：787×1092　1/16
印张：10.25　　　　2016 年 8 月第 1 版
字数：259 千字　　　2024 年 1 月北京第 10 次印刷

定价：29.80 元

读者服务热线：(010)81055256　印装质量热线：(010)81055316
反盗版热线：(010)81055315
广告经营许可证：京东市监广登字20170147号

前 言

为了将产学结合、校企合作的模式真正引入到学校的教学改革工作之中，本课程开发小组联合行业知名技术专家与相关职业院校的一线骨干教师教学团队，合作开发了工学结合的网络安全课程教材。本书是在广泛调研和充分论证的基础上，结合当前应用最为广泛的操作平台和网络安全规范，通过研究实践而形成的适合职业教育改革和发展特点的教程。与国内已出版的同类书籍相比，本书更注重以能力为中心，以培养应用型和技能型人才为根本，通过认识、实践、总结和提高这样一个认知过程，精心组织学习内容，图文并茂，深入浅出，全面适应社会发展需要，符合职业教育教学改革规律及发展趋势，具有独创性、层次性、先进性和实用性。

区别于传统的网络安全技术教材，本书针对职业学校的学生学习习惯和学习要求，本着“理论知识以够用为度，重在实践应用”的原则，以“理论+工具+分析+实施”为主要形式编写。依托终端设备安全、用户账户安全、攻击和防御等网络安全的技术，把网络安全技术和网络安全应用作为选题对象，从网络安全技术在日常生活中的实施过程的角度，针对日常使用网络过程中的不同层面，对计算机网络安全的相关理论与方法进行了详细介绍。

全书旨在培养学生对网络安全的兴趣，帮助学生在学校期间建立全面的网络安全观，培养使用网络的安全习惯，加深对所涉及的网络安全技术的理解，提高学生的网络安全事件处理能力、分析网络安全问题能力和解决网络安全问题能力。

本书建议参考学时为64学时，具体分配见下表所示。

模块单元	名　　称	学　　时	备　　注
项目1	认识身边的网络安全	4	
项目2	防范计算机网络病毒	6	重点
项目3	保护用户账户安全	6	重点
项目4	修复网络系统漏洞	8	
项目5	网络数据防护	6	重点
项目6	网络攻击和防御	8	重点
项目7	保护交换网络安全	12	
项目8	保障不同子网之间的安全	10	
项目9	排除网络安全故障	4	

本书建议以理论与实践相结合的方式进行讲授，需注重培养学生的实践操作能力，可以根据实际课时适当调整教学内容。

此外，为更好地实施课程中部分单元内容，还需要为本课程提供一个可实施交换、路由技术的网络安全环境，包括二层交换机设备、三层交换机设备、模块化路由器设备、防火墙设备、测试计算机和若干双绞线（或制作工具）。

本书由创新网络教材委员会组织教学一线的专家队伍与来自厂商的工程师团队联合编写而成。各行业内专家把多年来在各自领域中积累的网络安全技术、教学和应用的经验，以及对网络安全技术的深刻理解，诠释成本书。

本书由锐捷大学汪双顶、北京市商业学校陆沁任主编，哈尔滨广厦学院徐玲、茂名职业技术学院练源、绍兴职业技术学院傅彬任副主编，参与编写的还有泉州信息工程学院章喜字。其中，汪双顶编写了项目1和项目2，并负责全书统稿工作。陆沁编写了项目3和项目4，徐玲编写了项目5和项目6，练源编写了项目7，傅彬编写了项目8，章喜字编写了项目9。

此外在本书的编写过程中，还得到了其他一线教师、技术工程师、产品经理的大力支持。他们在教学和工程一线积累的多年工作经验，都为本书的真实性、专业性给予了有力的支持。本书的教学资源可登录人民邮电出版社教育社区（www.ryjiaoyu.com）免费下载。

由于技术发展，加之作者能力有限，书中难免存在不妥之处，敬请广大读者批评指正（wangsd@ruijie.com.cn）。

编者

2016年4月

目 录 CONTENTS

项目 1 认识身边的网络安全 1

项目 2 防范计算机网络病毒 12

项目 3 保护用户账户安全 30

项目 4 修复网络系统漏洞 47

项目 5 网络数据防护 62

项目 6 网络攻击和防御 73

项目 7 保护交换网络安全 108

项目 8 保障不同子网之间的安全 134

项目 9 排除网络安全故障 147

PART 1

项目 1 认识身边的网络安全

核心技术

- 解决安全隐患的方案

学习目标

- 了解网络安全威胁
- 熟悉网络安全隐患
- 掌握网络安全需求

随着科技的不断发展，网络已走进千家万户。人们利用网络可以开展工作，进行娱乐、购物，互联网的应用也变得越来越广泛。

互联网以其开放性和包容性，融合了传统行业的许多服务，给人们带来前所未有的便捷。但网络的开放性和自由性，也使私有信息和保密数据可能被破坏或侵犯，网络的安全问题从而显现出来。

网络安全已成为世界各国当今共同关注的焦点，网络安全的重要性不言而喻。

1.1 什么是网络安全

网络安全可以用一个通俗易懂例子来说明，问问自己为何要给家里的门上锁？那是因为不愿意有人随意到家里，网络安全也是如此。

保护网络安全就是为了阻止未授权者的入侵、偷窃或对资产的破坏。这里资产在网络中是指数据。保护网络中数据的安全是实施网络安全最为重要的安全目的之一，从本质上来讲，网络安全就是保护网络上的数据安全，如图 1-1 所示。

网络安全是一门涉及计算机科学、网络技术、通信技术、密码技术、信息安全技术、应用数学、数论、信息论等多种学科的综合性学科。通过实施网络安全技术，保护网络系统的硬件、软件及其系统中的数据，不受偶然或者恶意的原因而遭到破坏、更改、泄露，保证系统连续可靠正常地运行，保障网络服务不中断。

图 1-1　保护计算机网络安全

网络安全是对安全设施、策略和处理方法的实现，用以阻止对网络资源的未授权访问、更改或者是对资源、数据的破坏。

从广义来说，凡是涉及网络上信息的保密性、完整性、真实性和可控性的相关技术和理论，都是网络安全研究的领域。除此之外，网络安全还是围绕安全策略进行完善的一个持续不断的过程，通过实施保护、监控、测试和提高过程，不断循环，如图 1-2 所示。

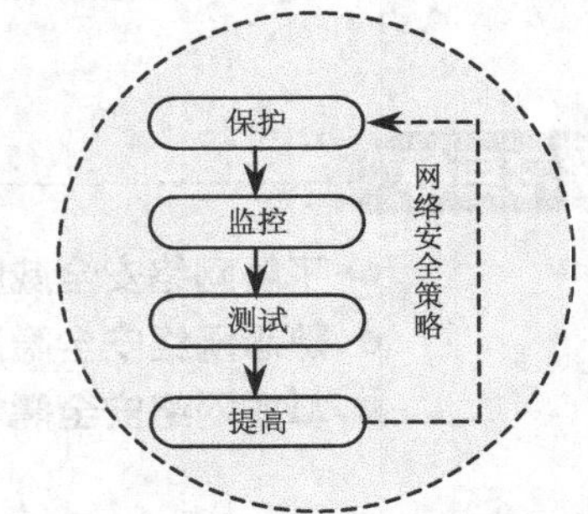

图 1-2　网络安全是一个持续不断的过程

- 保护：具体实施网络设备的部署与配置，如防火墙、IDS 等设备的配置。
- 监控：在网络设备部署与配置之后，最重要工作是监控网络设备运行情况。
- 测试：测试整体网络环境，包括设备的测试、测试网络设备部署和配置的效果。
- 提高：检测到网络中有哪些问题，及时调整，使其在网络环境中发挥更好的性能。

1.2　网络安全现状

计算机网络最早诞生于 20 世纪 50 年代，在此后的几十年间主要用于科研人员之间传送信息，网络应用也非常简单，网络的安全尚未引起足够的关注。

进入 21 世纪，人类社会对 Internet 需求的日益增长，如图 1-3 所示。

通过 Internet 进行的各种电子商务业务日益增多，Internet/Intranet 技术日趋成熟，很多组织的内部网络与 Internet 连通，网络安全逐渐成为 Internet 进一步发展的关键问题。

人们越来越多地通过 Internet 处理工作、学习、生活，但由于其开放性和匿名性特征，未授权用户对网络的入侵变得日益频繁，导致网络中存在着各种安全隐患。

据统计，目前网络攻击手段有数千种之多。若不解决这一系列的安全隐患，势必对网络的应用和发展，以及网络中用户的利益造成很大的影响。可见，网络安全已成为网络发展的首要问题，如图 1-4 所示。

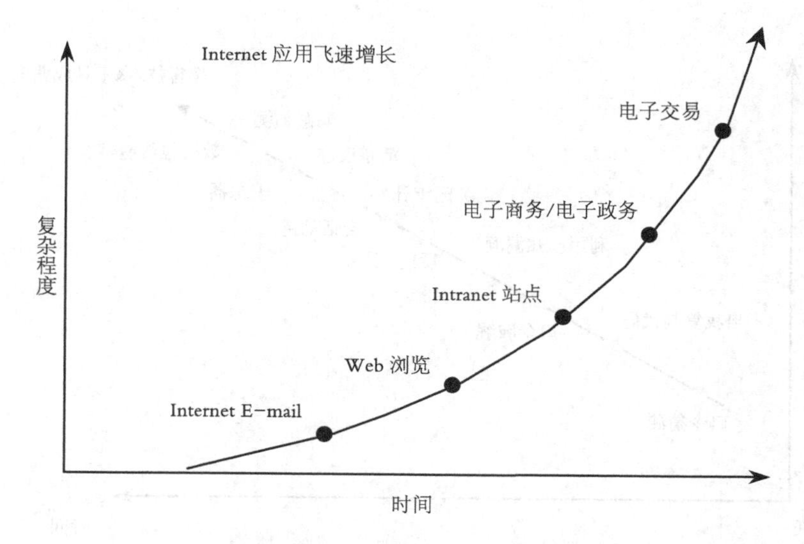

图 1-3　Internet 各种应用的发展时间

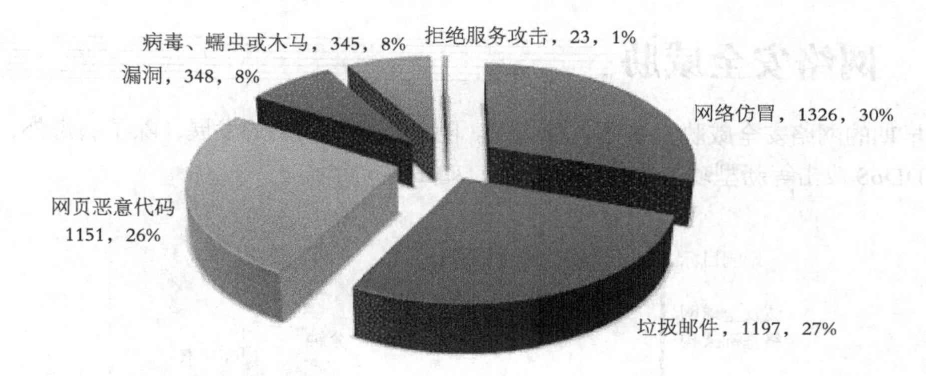

图 1-4　网络中病毒攻击

据美国联邦调查局统计，美国每年因网络安全造成的损失高达 75 亿美元。

据美国金融时报报道，世界上平均每 20 分钟就发生一起入侵互联网的计算机网络安全事件发生，遍布世界的 1/3 的防火墙都被黑客攻破过。

近年来，计算机犯罪案件也急剧上升，计算机犯罪已经成为普遍的国际性问题。美国联邦调查局的报告指出，计算机犯罪是商业犯罪中最大的犯罪类型之一，每笔犯罪的平均金额为 45 000 美元，每年计算机犯罪造成的经济损失高达 50 亿美元。

而我国的情况也不容乐观，政府、证券部门，特别是金融机构的计算机网络相继遭到多次攻击。公安机关受理的各类信息网络违法犯罪案件逐年增加，尤其以电子邮件、特洛伊木马、文件共享、盗取银行账户等一系列的黑客与病毒问题愈演愈烈。

计算机网络安全主要面临着哪些问题？

如图 1-5 所示，从时间的发展维度，列举了常见的计算机网络安全事件，分别是口令猜测、自我复制代码、口令破解、后门、关闭审计、会话劫持、清除痕迹、嗅探器……

如何保护账户的安全，如何保护网银的安全，如何保护网络免受攻击，这些都是摆在网络工程师面前的难题。

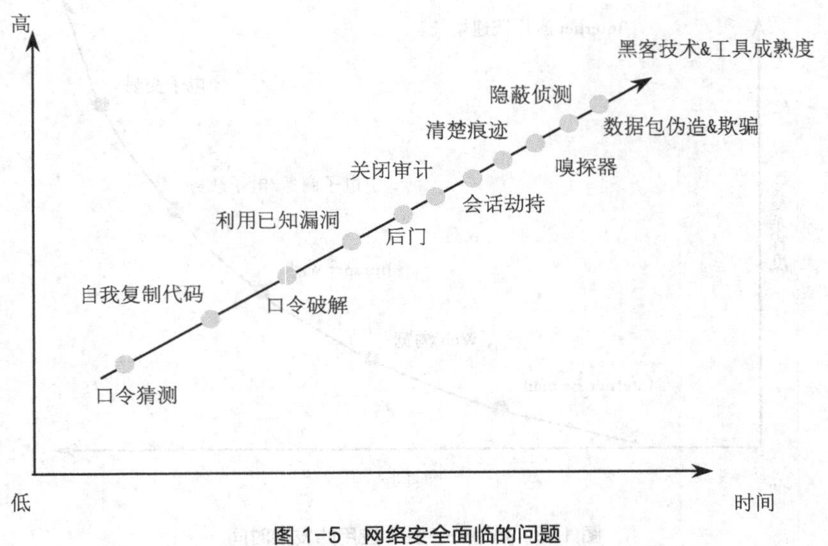

图 1-5 网络安全面临的问题

1.3 网络安全威胁

早期的网络安全威胁大多是各种病毒。随着计算机网络的发展，除了病毒外，木马、蠕虫、DDoS 攻击等新型攻击手段层出不穷，如图 1-6 所示。

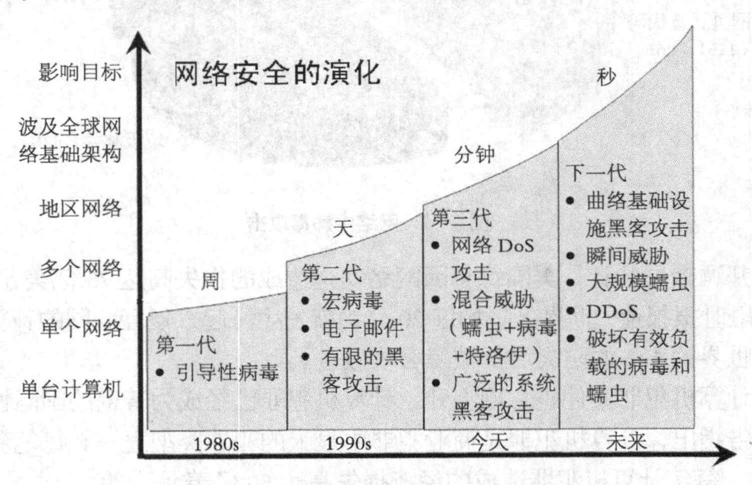

图 1-6 网络安全隐患的时间发展史

威胁网络安全的因素有多方面，目前还没有一个统一的方法，对所有的网络安全行为进行区分和有效的防护。

针对网络安全威胁，常见的产生网络攻击的事件主要分为以下几类。

1．中断威胁

中断威胁破坏安全事件，主要是指网络攻击者阻断发送端到接收端之间的通路，使数据无法从发送端发往接收端，工作流程如图 1-7、图 1-8 所示。

造成中断威胁的原因主要有以下几个。

- 攻击者攻击、破坏信息源端与目的端之间连通，造成网络链路中断。

- 信息目的端无法处理来自信息源端的数据，造成服务无法响应。
- 系统崩溃：网络系统或者设备组件受到物理破坏，如磁盘系统受到破坏，造成整个磁盘的损坏及文件系统的瘫痪等。

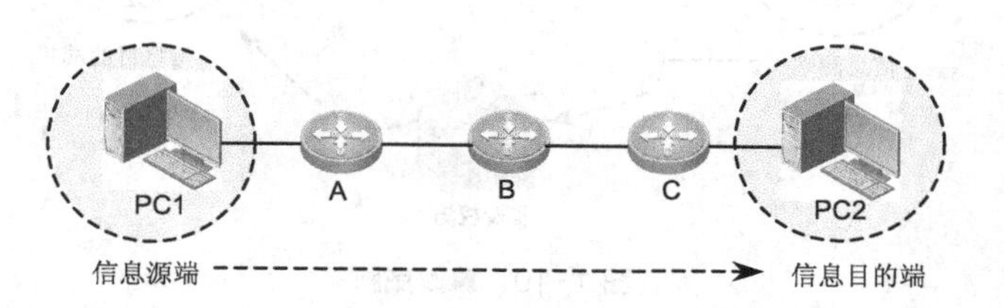

图 1-7　正常的信息流

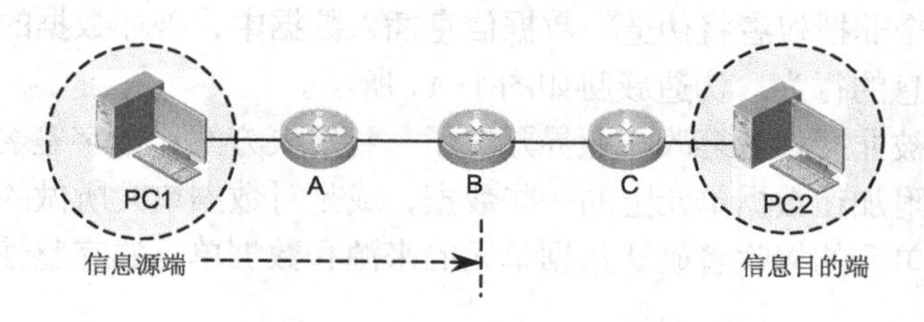

图 1-8　中断威胁

在目前网络当中，最典型的中断威胁是：拒绝服务攻击（DoS）。

2．截获威胁

截获威胁指非授权者通过网络攻击手段侵入系统，使信息在传输过程中丢失或者泄露的一种威胁，它破坏了数据保密性原则，如图 1-9 所示。

常见的使用截获威胁的原理的攻击包括：利用电磁泄露或者窃听等方式，截获保密信息；通过对数据的各种分析，得到有用的信息，如用户口令、账户信息。

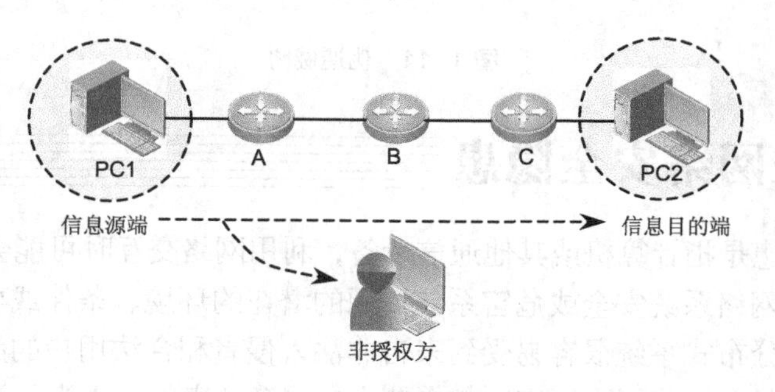

图 1-9　截获威胁

3．篡改威胁

篡改威胁是指以非法手段获得信息的管理权，通过以未授权的方式，对目标计算机进行数据的创建、修改、删除和重放等操作，使数据的完整性遭到破坏。篡改威胁的工作原理如图 1-10 所示。

篡改威胁攻击的手段主要包括：

- 改变数据文件，如修改信件内容；
- 改变数据的程序代码，使程序不能正确地执行。

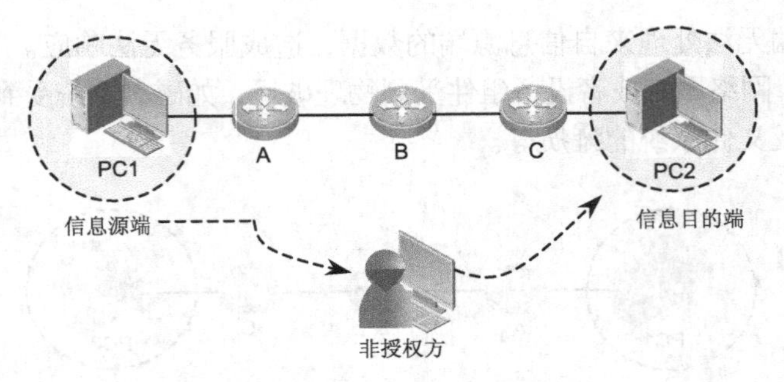

图 1-10　篡改威胁

4．伪造威胁

伪造威胁指一个非授权者将伪造的数据信息插入数据中，破坏数据的真实性与完整性，从而盗取目的端信息的行为。伪造威胁如图 1-11 所示。

为了避免数据被非授权者篡改，业界开发了一种解决方案：数字签名。

数字签名就是附加在数据单元上的一些数据，或是对数据单元所做的密码变换。这种数据或变换允许数据单元的接收者确认数据单元的来源和数据单元的完整性，并保护数据，防止数据被伪造。

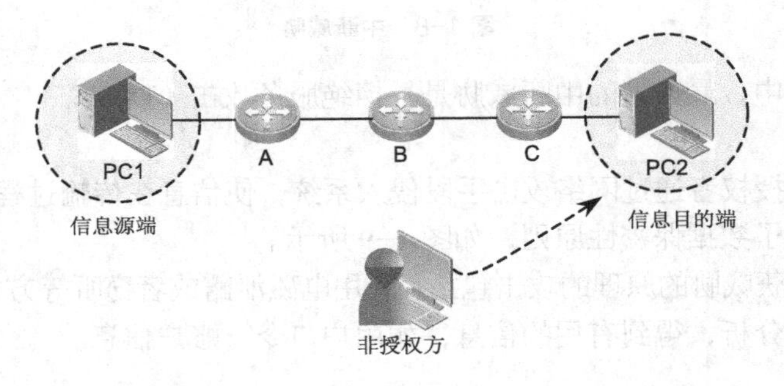

图 1-11　伪造威胁

1.4　什么是网络安全隐患

网络安全的隐患是指计算机或其他通信设备，利用网络交互时可能会受到的窃听、攻击或破坏，泛指侵犯网络系统安全或危害系统资源的潜在的环境、条件或事件。

计算机网络和分布式系统很容易受到来自非法入侵者和合法用户的威胁。

网络安全隐患包含的范围比较广，如自然火灾、意外事故、人为行为（如使用不当、安全意识差等）、黑客行为、内部泄密、外部泄密、信息丢失、电子监听（信息流量分析、信息窃取等）和信息战等。

所以，对网络安全隐患分类方法也比较多，网络安全隐患来源一般可分为以下几类。

（1）非人为或自然力造成硬件故障、电源故障、火灾、水灾、风暴和工业事故等。

（2）人为但属于操作人员失误，造成的数据丢失或损坏。

（3）来自企业网络外部和内部人员的恶意攻击和破坏。

其中安全隐患最大的是第三类。网络安全外部威胁主要来自一些有意或无意的对网络的非法访问，并造成了网络有形或无形的损失，其中黑客就是最典型的代表。

还有一种网络威胁来自企业的网络系统内部，这类人熟悉网络的结构和系统的操作步骤，并拥有合法的操作权限。

1.5 网络安全隐患有哪些

影响计算机网络安全的因素很多，有些是人为蓄意的，有些是无意造成的。归纳一下，产生网络安全的原因主要有以下几个方面。

1．网络设计问题

由于网络设计的问题导致网络流量巨增，造成终端执行各种服务的速度缓慢。

典型的案例是：由于公司内二层设备环路的设计问题，导致网络广播风暴，如图 1-12 所示。

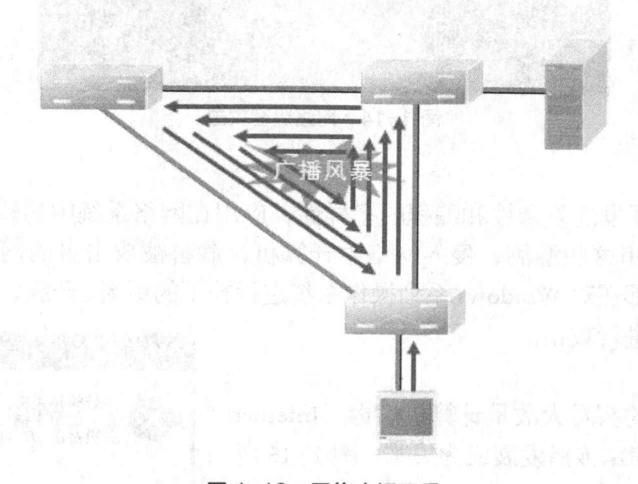

图 1-12　网络广播风暴

2．网络设备配置不当

在构建互联网络中，每台设备都有其特有的安全功能。例如，路由器和防火墙在某些功能上起到的作用一样，如访问控制列表技术（Access Control List，ACL），但路由器通过 ACL 来实现对网络的访问控制，安全效果及性能不如防火墙，如图 1-13 所示。

图 1-13　三层设备上实施 ACL 技术

对于一个安全性需求很高的网络来说，采用路由器 ACL 来过滤流量，性能上得不到保证。更重要的是网络黑客会利用各种手段来攻击路由器，使路由器瘫痪，不但起不到过滤 IP 的功能，还会影响网络的互通。

3．人为无意失误

管理员安全配置不当，终端用户安全意识不强，用户口令过于简单，以及用户口令选择不慎，或将自己的账户随意转借他人或与别人共享等，都会给网络安全造成隐患。

4．人为恶意攻击

人为恶意攻击是网络安全最大的威胁，如图 1-14 所示。此类攻击指攻击者通过黑客工具，对目标网络进行扫描、侵入、破坏的一种举动。恶意攻击对网络的性能，数据的保密性、完整性均都有影响，并会导致机密数据的泄露，给企业造成损失。

图 1-14　网络黑客攻击

5．软件漏洞

由于软件程序开发的复杂性和编程的多样性，应用在网络系统中的软件，都会存在一些安全漏洞，黑客利用这些漏洞，侵入网络中计算机，危害被攻击者的网络及数据。例如，Microsoft 公司每月都在对 Windows 系列操作系统进行补丁的更新、升级，目的是修补其漏洞，避免黑客利用漏洞进行攻击。

6．病毒威胁

目前数据安全的头号大敌是计算机病毒，Internet 开拓性的发展，使病毒传播发展成为灾难，图 1-15 所示为计算机病毒造成系统自动关机，使文件丢失。据美国国家计算机安全协会（NCSA）最近一项调查发现，几乎 100%的美国大型公司的网络都曾经历过计算机病毒的危害。

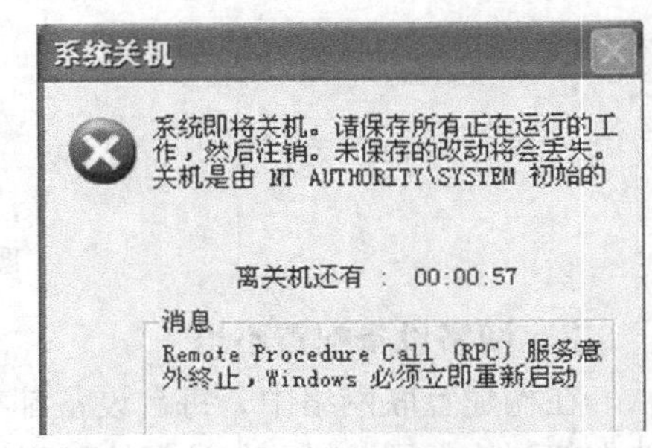

图 1-15　计算机病毒造成系统自动关机

7．机房安全隐患

网络机房是网络设备运行的控制中心，经常发生的安全问题包括物理安全（火灾、雷击、盗贼等）、电气安全（停电、负载不均等）等。

从网络安全的广义角度来看，网络安全不仅是技术问题，而且是一个管理问题。它包含管理机构、法律、技术、经济各方面。网络安全技术只是实现网络安全的工具。要解决网络安全问题，必须要有综合的解决方案。

1.6　网络安全信任等级划分

目前计算机系统安全的分级标准，一般都是依据美国的“橘皮书”中的定义。

橘皮书的正式名称是“受信任计算机系统评量基准”（Trusted Computer System Evaluation Criteria）。

橘皮书中对可信任系统的定义是这样的：一个由完整的硬件及软件所组成的系统，在不违反访问权限的情况下，它能同时服务于不限定个数的用户，并处理从一般机密到最高机密等不同范围的信息。

橘皮书将一个计算机系统可接受的信任程度加以分级，凡符合某些安全条件、基准规则的系统即可归类为某种安全等级。

橘皮书将计算机系统的安全性能由高而低划分为A、B、C、D四大等级。

D级——最低保护（Minimal Protection），凡没有通过其他安全等级测试项目的系统，即属于该级，如DOS，Windows个人计算机系统。

C级——自主访问控制（Discretionary Protection），该等级的安全特点在于：系统的客体（如文件、目录）可由该系统主体（如系统管理员、用户、应用程序）自主定义访问权。例如，管理员可以决定系统中任意文件的权限，当前UNIX、Linux、Windows NT等操作系统都为此安全等级。

B级——强制访问控制（Mandatory Protection），该等级的安全特点在于：由系统强制对客体进行安全保护。在该级安全系统中，每个系统客体（如文件、目录等资源）及主体（如系统管理员、用户、应用程序），都有自己的安全标签（Security Label），系统依据用户的安全等级，赋予其对各个对象的访问权限。

A级——可验证访问控制（Verified Protection），其特点在于：该等级的系统拥有正式的分析及数学式方法，可完全证明该系统的安全策略及安全规格的完整性与一致性。

根据定义，系统的安全级别越高，理论上该系统也越安全。可以说，系统安全级别是一种理论上的安全保证机制。在正常情况下，在某个系统的安全保证机制得以正确实现时，系统就应该可以达到该安全级别。

1.7 网络安全需求

目前企事业单位内部网络可能受到的攻击包括：黑客入侵，内部信息泄露，不良信息进入内网等。因此针对计算机网络安全的需求，大体上可分为：保密性、完整性、可控性、不可否认性、可存活性、真实性、实用性和占有性等。

- 保密性（Confidentiality）

对数据进行加密，防止非授权者接触秘密信息，破译信息。一般采用对信息的加密、对信息划分等级、分配访问数据的权限等方式，实现数据的保密性。

- 完整性（Integrity）

完整性指数据在传输过程中不被篡改或者即使被篡改，接收端能通过数字签名的方式发现数据的变化，从而避免接收到错误或者是有危害的信息。

- 可用性（Availability）

可用性是指信息可被合法的用户访问。可用性与保密性有一定的关联，也存在着矛盾性，这就是我们常说的平衡业务需求与安全性需求规则。

- 可控性（Controllability）

可控性是指对信息的内容及传播具有控制能力与控制权限。

- 不可否认性（Non-repudiation）

不可否认性是指发送数据者无法否认其发出的数据与信息，接收数据者无法否认已经接收的信息。不可否认性的举措主要是通过数字签名、第三方认证等技术实现。

● 可存活性（Survivability）

可存活性是指计算机系统在面对各种攻击或者错误情况下，继续提供核心任务的能力。

● 真实性（Authenticity）

数据信息的真实性是指信息的可信程度，主要是指信息的完整性、准确性和发送者接受者身份的确认。

● 实用性（Utility）

信息的实用性是指数据加密用的密钥不可被攻击者盗用或者泄密，否则就失去了信息的实用性。

● 占有性（Possession）

占有性是指磁盘等存储介质、信息载体不被盗用，否则就导致对信息占有的丧失。

【网络安全事件】身边的网络安全事件

1．儿子QQ被盗，母亲被骗5万元

11月3日中午，家住花溪的李女士，来到花溪明珠派出所报警，称有人冒充她在外国留学的儿子，骗走了她的5万元钱。

11月3日，正在家中上网的李女士，突然收到在法国留学儿子王某发来QQ，称有一名华人教授要回浙江老家看望生病父亲，但这名教授只能带2万欧元入境，有6万欧元在他那保管，要李女士和这名教授联系，先给这名教授汇去40万元人民币，给他父亲治病，之后王某再将钱给李女士汇过来。

之后“儿子”将这名龙教授联系方式，在QQ上发给李女士。李女士没多加思考，就按照联系方式，联系上龙教授。对方称现在浙江老家，正给父亲治病，急需用钱，但李女士告诉对方自己没有这么多现金，只能给他汇过去2万元人民币，龙教授答应了。

汇钱过去后，龙教授又给李女士打电话，称钱不够，还要李女士再想办法筹集3万元，之后李女士又给对方汇过去3万元人民币，得知李女士汇钱的事后，察觉不对劲的李女士的家人电话联系上了其在法国留学的儿子，才知道被骗了。

李女士随即向派出所报警，目前警方已对该案立案侦查。

2．为领“红包”网购扫二维码，支付宝账户被盗

10月12日上午，小陈闲来无事便上网“淘宝”，她在一家网店看中一款风衣，就向对方询问。“当时小陈拍下了这件衣服，但还没付款。”民警说，这时对方联系小陈，告知可通过手机扫描二维码使用手机支付方式，便可获得店铺“红包”，该红包可抵20元现金。

接着对方通过QQ发来一张二维码，小陈随即用手机扫了店家发过来二维码。

“扫描二维码时，小陈觉得手机卡了一下，但没在意。”民警说，直到手机提示二维码扫描成功，小陈准备支付时才发现出了问题，手机登录不上账户，无法用手机支付。

在等待过程中，小陈手机突然响了，她收到一条短信，通知其支付宝里4000多元余额全没了。这时小陈慌了神，赶紧报警。接到报警后，民警让陈女士拿着立案号，联系支付宝客服，很快将账户冻结。

“调查时，发现小陈的这4000多元钱，是对方以购买商品形式将这笔钱转走。”民警表示，他们调查发现小陈支付宝账户之所以出现问题，是因为小陈手机扫码后“中毒”，被植入木马。不法分子通过木马截取手机短信，更改支付宝密码以实现对支付宝资金窃取。

3．网银被盗，3 天“飞”走一万多元

7 月 2 日下午，王先生在一家建设银行自动取款机上取款时，发现银行卡的余额只有 37.38 元。“我前不久才打进去 1 万元钱”，王先生觉得很蹊跷。

回到家里，登录建设银行网上银行查询交易明细，结果发现 6 月 28 日、29 日、30 日 3 天时间，网银有 23 条交易记录，共被转走 12 695.60 元。“交易地点”栏显示，他的钱被“深圳市财付通科技有限公司”“上海快钱信息服务有限公司”这几家网上支付公司代为消费。

“这 23 笔交易记录我都不知情。银行卡和 U 盾都在我手里，钱怎么会被转走呢？而且我的网银已经绑定了手机，按理说我应该能收到短信提醒啊！”王先生赶紧到派出所报警。

建设银行汴东支行一位工作人员告诉警察：一是王先生的密码设置没起到保密效果；二是他至少有 5 种信息遭泄露，能转走这些钱的不法分子至少掌握了王先生的银行账户、银行账户密码、手机号、手机密码和身份证号等 5 种重要信息。密码设置简单，就容易被破解，被盗用的可能性就大。

“王先生的个人信息可能被盗了。有些用户的计算机中了木马。在这台中木马的计算机上输入的所有信息都可能会泄露。”银行工作人员说。对此，王先生仍有疑惑。“确实有个人信息泄露的可能。但我的网银绑定了手机，23 条消费记录，怎么连一条短信提醒都没收到？”

经建设银行工作人员查看，发现王先生的网银开通了短信保管箱和短信转移这两个业务。工作人员介绍，短信保管箱有点到点短信存储功能，短信转移功能是设置另外一个接收短信的移动手机号，发给原号码的短信都会转移到该手机号码上。

简单地说，王先生网上银行这 23 笔交易记录，短信提醒都被另外一部移动手机号码接到了。“王先生自己也能收到短信提醒，但都储存在短信保险箱里，不能即时看到。”而王先生说，他不了解这两种业务的功能，更没有主动开通。

负责办理此案的公安局网监支队民警说，查明王先生的网银应该是被盗用，不法分子所用计算机 IP 地址为大连市。“这 23 笔交易用同一个计算机 IP 地址，但用的都是代理 IP。” 网监支队民警说，网民不要随意访问不可靠的网站，更不要轻易做出支付交易。

民警提醒：网民上网时一定要增强自我保护意识，个人计算机要定期查杀木马，不要在网吧等公共计算机上登录电子银行，不要轻易泄露自己的手机号、银行卡或 QQ 号等隐私。

对策：

账户被盗多数是中了木马，需要安装防木马防火墙及其杀毒软件。尽量避免登录不良网站，定期杀毒，在安全模式下杀毒更为彻底。但是毕竟病毒防不胜防，很难避免中招，尤其在公用计算机上应该避免网上银行交易。

最保险的方法，去银行办理 U 盾业务。其原理就是 U 盘为网上交易的密码钥匙，就算在网上被盗账户及密码，对方没有你的 U 盾绝对无法交易。目前来讲，个人网上交易最安全的就是 U 盾服务了。

PART 2

项目 2 防范计算机网络病毒

核心技术

- 使用 360 软件保护客户端安全

学习目标

- 了解杀毒软件基础知识
- 了解杀毒软件常识
- 熟悉杀毒软件类型
- 掌握云安全基础知识

2.1 网络病毒概述

计算机病毒是一段具有恶意破坏的程序，一段可执行码。就像生物病毒一样，计算机病毒有独特的复制能力，可以通过复制的方式很快地蔓延，常常难以根除。

在《中华人民共和国计算机信息系统安全保护条例》中，计算机病毒被明确定义为：编制或者插入在计算机程序中的破坏计算机功能或者数据，影响计算机使用并且能够自我复制的一组计算机指令或者程序代码。

图 2-1 所示的就是内嵌在正常程序中的“火焰病毒代码”。

```
if not _params.STD then
  assert(loadstring(config.get("LUA.LIBS.STD")))()
  if not _params.table_ext then
    assert(loadstring(config.get("LUA.LIBS.table_ext")))()
    if not __LIB_FLAME_PROPS_LOADED__ then
      __LIB_FLAME_PROPS_LOADED__ = true
      flame_props = {}
      flame_props.FLAME_ID_CONFIG_KEY = "MANAGER.FLAME_ID"
      flame_props.FLAME_TIME_CONFIG_KEY = "TIMER.NUM_OF_SECS"
      flame_props.FLAME_LOG_PERCENTAGE = "LEAK.LOG_PERCENTAGE"
      flame_props.FLAME_VERSION_CONFIG_KEY = "MANAGER.FLAME_VERSION"
      flame_props.SUCCESSFUL_INTERNET_TIMES_CONFIG = "GATOR.INTERNET_CH
      flame_props.INTERNET_CHECK_KEY = "CONNECTION_TIME"
      flame_props.BPS_CONFIG = "GATOR.LEAK.BANDWIDTH_CALCULATOR.BPS_QUE
      flame_props.BPS_KEY = "BPS"
      flame_props.PROXY_SERVER_KEY = "GATOR.PROXY_DATA.PROXY_SERVER"
      flame_props.getFlameId = function()
        if config.hasKey(flame_props.FLAME_ID_CONFIG_KEY) then
          local l_1_0 = config.get
          local l_1_1 = flame_props.FLAME_ID_CONFIG_KEY
          return l_1_0(l_1_1)
        end
```

图 2-1　火焰病毒内嵌代码

而网络病毒程序常常附着在各种类型的文件上，当这些受感染的文件通过复制或者通过网络传输，从一台计算机传送到另一台计算机上时，病毒程序就随同受感染的文件一起蔓延开来。

随着 Internet 开拓性的发展，通过网络进行传播的病毒，为网络带来灾难性后果。计算机网络病毒的主要特点如下。

1．破坏性强

网络病毒破坏性极强。一旦网络中的某台文件服务器的硬盘被病毒感染，就可能造成网络服务器无法启动，导致整个网络瘫痪，造成不可估量的损失。

2．传播性强

网络病毒普遍具有较强的再生机制，一接触就可通过网络扩散与传染。一旦某个公用程序感染了病毒，那么病毒将很快在整个网络上传播，感染其他的程序。

3．具有潜伏性和可激发性

网络病毒具有潜伏性和可激发性。在一定的环境下受到外界因素刺激，它便能被激活。刺激因素可以是内部时钟、系统日期和用户名称，也可以是在网络中进行的一次通信。

4．扩散面广

由于病毒通过网络进行传播，所以其扩散面广。一台计算机的病毒可以通过网络感染与之相连的众多机器。由网络病毒造成网络瘫痪的损失是难以估计的，一旦网络服务器被感染，其杀毒所需的时间将是单独一台计算机的几十倍以上。

2.2 网络病毒主要传播途径

计算机病毒具有自我复制和传播的特点，因此，只要是能够进行数据交换的介质，都有可能成为计算机病毒的传播途径。

（1）通过移动存储设备来传播，包括软盘、光盘、U 盘、移动硬盘等。其中 U 盘是使用最广泛、移动最频繁的存储介质，因此也成了计算机病毒寄生的“温床”，图 2-2 显示了网络病毒主要传播途径。

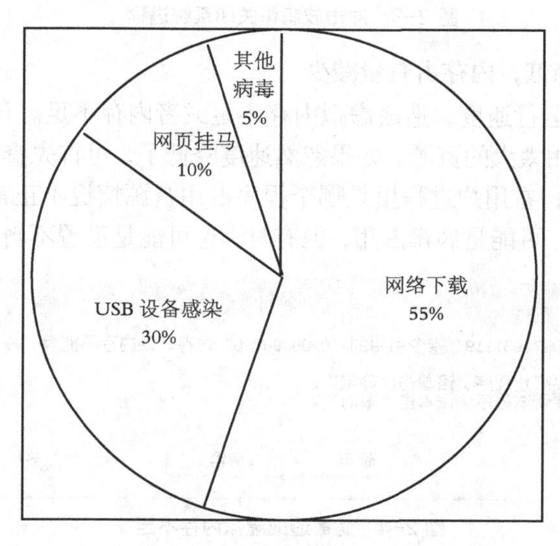

图 2-2 网络病毒主要传播途径

（2）通过网络传播，如电子邮件、BBS、网页、即时通信软件等，计算机网络的发展使计算机病毒的传播速度大大提高，感染的范围也越来越广。

（3）利用系统、应用软件漏洞进行传播，尤其是近几年，利用系统漏洞攻击已经成为病毒传播的一个重要的途径。

（4）利用系统配置缺陷传播。很多计算机用户在安装了系统后，为了使用方便，而没有设置开机密码或者设置密码过于简单；有的在网络中设置了完全共享等，这些都很容易导致计算机感染病毒。

（5）通过点对点通信系统和无线通道传播，在无线网络中被传输的信息没有加密或者加密很弱，很容易被窃取、修改和插入，存在较严重的安全漏洞。

目前，这种传播途径十分广泛，已与网络传播一起成为病毒扩散的两大“渠道”。

2.3 病毒感染的主要症状

计算机感染病毒以后，会出现很多的症状，这里列举一些，以方便大家判断及处理。

1．Windows 出现异常的错误信息提示

Windows 错误信息提示是 Windows 系统提供的一项功能，方便用户使用。但是，操作系统本身，除了用户关闭或者程序错误以外，是不会出现错误汇报的。因此，如果出现这种情况，很可能是中了病毒。

如冲击波病毒、震荡波病毒，就是利用关闭系统进程，然后提示错误，警告用户将在 1 分钟内倒计时关机，如图 2-3 所示。

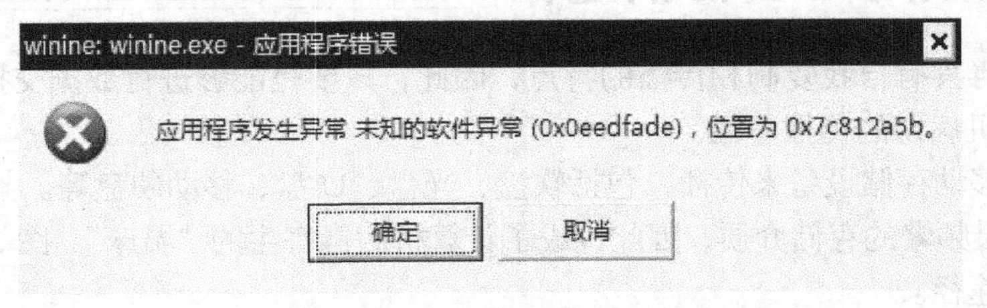

图 2-3　冲击波病毒关闭系统进程

2．运行速度明显降低，内存占有量减少

病毒会影响机器的运行速度，造成虚拟内存不足或者内存不足。计算机在正常运行的时候，软件的运行不会占用太大的资源。如果忽然速度降低了，可首先查看 CPU 占用率和内存使用率，然后检查进程，看用户进程里是哪个程序占用资源情况不正常。

如果虚拟内存不足，可能是病毒占用，但有时，也可能是设置不当造成，如图 2-4 所示。

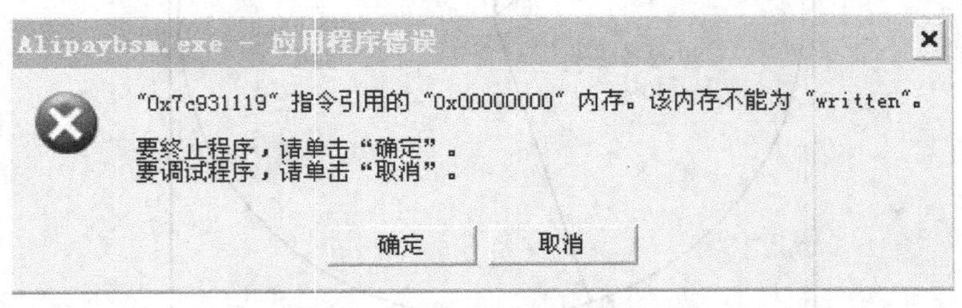

图 2-4　病毒造成虚拟内存不足

3．运行程序突然异常死机

计算机程序，如果不是设计错误的话，完全可以正常打开、关闭。

但是，如果是被病毒破坏的话，很多程序需要使用的文件都会无法使用。所以，可能会出现死机的情况，如 QQ 软件、IE 软件，就经常出现错误。

另外，病毒也可能会对运行的软件或者文件进行感染，使用户无法正常使用。如突然死机，又在无任何外界介入的情况下，自行启动，如图 2-5 所示。

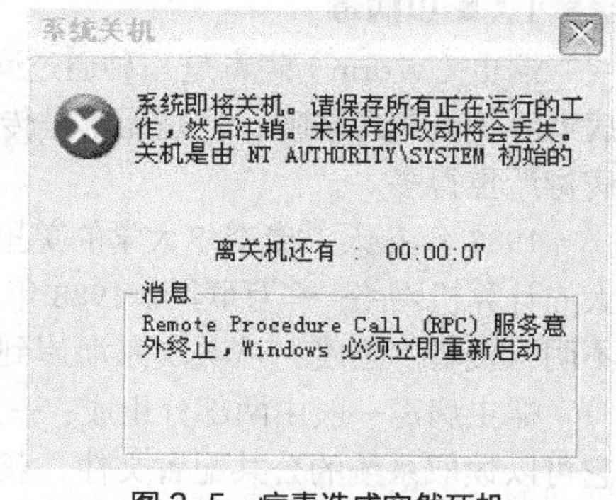

图 2-5　病毒造成突然死机

4．文件大小发生改变

有些病毒是将计算机的可执行文件和另一可执行文件进行捆绑，然后两个程序一起运行。而捆绑的可执行文件唯一的缺点是文件大小会改变，因此在平时使用的时候要特别注意。

5．系统无法正常启动或系统启动缓慢

系统启动的时候，需要加载和启动一些系统软件或打开一些系统文件，而病毒正是利用了这一点，进入系统的启动项或者是系统配置文件的启动项，导致系统启动缓慢或者无法正常启动。

6．注册表无法使用、某些键被屏蔽等

注册表相当于操作系统的核心数据库一样，正常情况下可以进行更改，如果发现热键和注册表都被屏蔽、某些目录被共享等，则有可能是病毒造成的。

7．系统时间被修改

由于一些杀毒软件在系统时间的处理上存在漏洞，当系统时间异常时会失效，无法正常运行。很多病毒利用这一点，把系统时间修改之后使其关闭或无法运行，然后再侵入用户系统进行破坏。

8．硬盘工作指示灯狂闪

工作指示灯是用来显示硬盘工作状态的，正常使用的情况下，指示灯只是频繁闪动而已。如果出现指示灯狂闪的情况，就要检查所运行的程序是否占用系统资源太多，或者是否感染了病毒。

9．网络自动掉线

有的病毒专门占用系统或者网络资源，关闭连接，在访问网络的时候自动掉线，给用户使用造成不便。

10．自动连接网络

计算机的网络连接一般是被动连接的，都是由用户来触发的，而病毒为了访问网络，必须主动连接，所以，有的病毒包含了自动连接网络的功能。

11．浏览器自行访问网站

计算机在访问网络的时候，浏览器主页被篡改了，而且，被篡改后的网页大部分都是靠点击率来赚钱的个人网站或者是不健康的网站。

12．鼠标无故移动

鼠标的定位是靠程序来完成的，所以病毒也可以定义鼠标的位置，使鼠标满屏幕乱动，或者无法准确定位。

2.4 典型病毒举例

1. 蠕虫病毒

蠕虫（Worm）病毒是一种通过网络传播的恶意病毒。它的出现时期相对于文件病毒、宏病毒等传统病毒较晚，但是无论是传播的速度、传播范围还是破坏程度上都要比以往传统的病毒严重得多。

1988 年冬天，康奈尔大学的莫里斯，把一个被称为“蠕虫”的计算机病毒送进了美国最大的计算机网络——互联网。1988 年 11 月 2 日下午 5 点，互联网的管理人员首次发现网络有不明入侵者。当晚，从美国东海岸到西海岸，互联网用户陷入一片恐慌。

蠕虫病毒一般由两部分组成：一个主程序和一个引导程序。主程序的功能是搜索和扫描。它可以读取系统的公共配置文件，获得网络中的联网用户的信息，从而通过系统漏洞，将引导程序建立到远程计算机上。引导程序实际是蠕虫病毒主程序的一个副本，它和主程序都具有自动重新定位的能力，图 2-6 所示为 360 检测到木马程序。

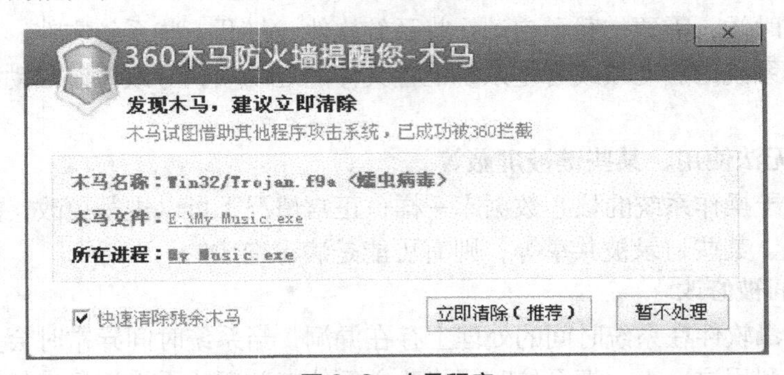

图 2-6　木马程序

2. 冲击波病毒

冲击波病毒（WORM_MSBlast.A）是一种新型蠕虫病毒，是一种利用系统 RPC 漏洞进行传播和破坏系统文件的蠕虫病毒。

该病毒传播速度快、波及范围广，能够在短时间内造成大面积的泛滥，是因为病毒运行时会扫描网络，寻找操作系统为 Windows 的计算机，然后通过 RPC 漏洞进行感染，并且该病毒会操纵 135、4444、69 端口危害系统。

受到感染计算机中 Word、Excel、Powerpoint 等文件无法正常运行，弹出找不到链接文件对话框，“复制”“粘贴”等一些功能无法正常使用，如图 2-7 所示。

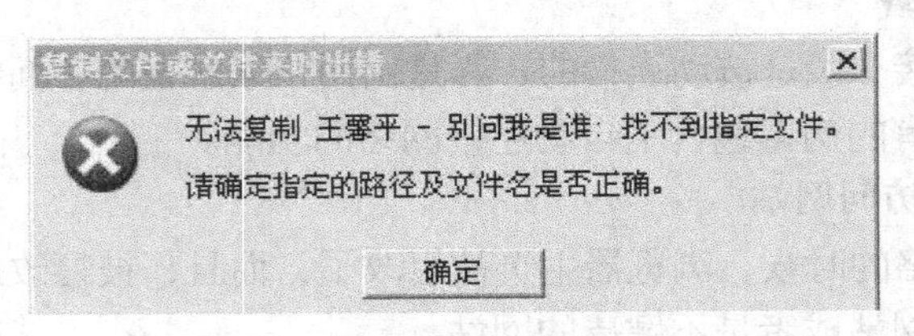

图 2-7　无法正常使用复制功能

此外，感染冲击波病毒的计算机，当病毒发作的时候，还造成计算机出现反复重新启动等现象，系统会出现一个提示框，指出由于远程过程调用（RPC）服务意外终止，Windows

必须立即关闭。同时，消息框给出一个倒计时，当倒计时完成时，计算机就将关闭，如图 2-8 所示。

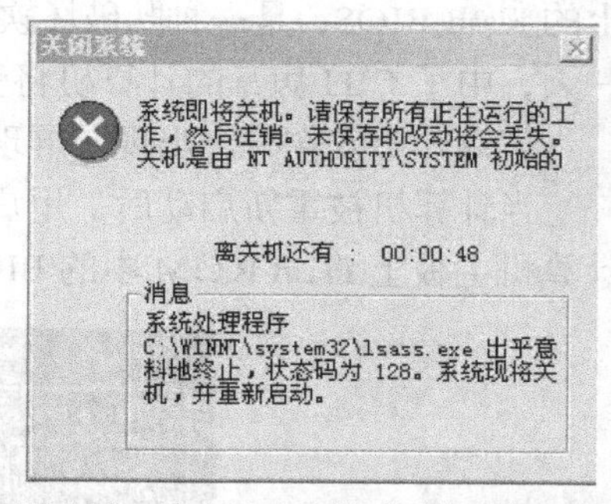

图 2-8 冲击波病毒造成系统反复重启

3．引导型病毒

引导型病毒是指改写磁盘上的引导扇区信息的病毒。

引导型病毒主要感染 U 盘和硬盘的引导扇区或者系统盘的主引导区。在系统启动时，由于先行执行引导扇区上的引导程序，使得病毒加载到系统内存上，如图 2-9 所示。

引导型病毒一般使用汇编语言编写，因此病毒程序很短，执行速度很快。例如，Stone、Brain、Pingpang、Monkey、小球病毒等。小球病毒在系统启动后进入系统内存，执行过程中在屏幕上一直有一个小球不停地跳动，作近似正弦曲线运动。

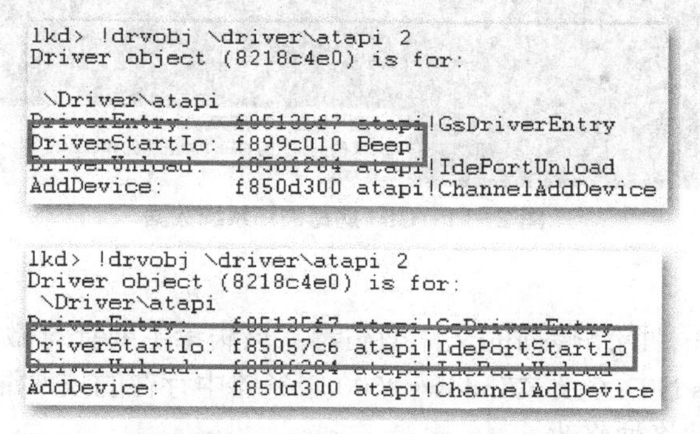

图 2-9 系统警告提示发现引导扇区病毒“Popureb”

4．文件型病毒

文件型病毒是指能够寄生在文件中的以文件为主要感染对象的病毒。

这类病毒主要感染可执行文件或者数据文件。

文件型病毒是数量最为庞大的一种病毒，它主要分为伴随型病毒和寄生型病毒等，如：CIH 病毒、红色代码、蓝色代码。图 2-10 所示为文件被病毒感染造成无法删除现象。

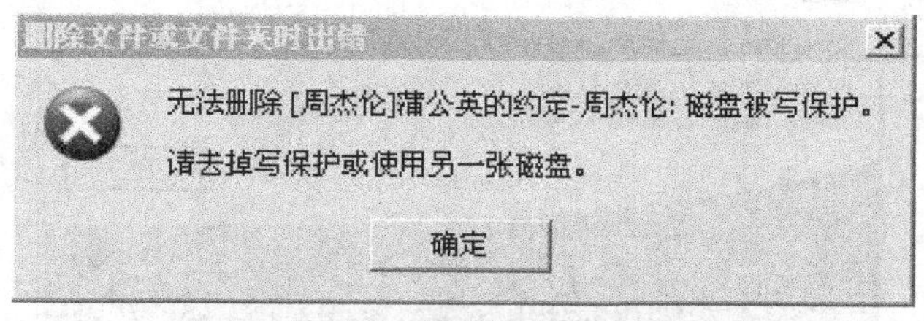

图 2-10 文件型病毒造成文件无法删除

● CIH 病毒

CIH 病毒，是一种可怕的计算机病毒，令人闻之色变，因为 CIH 病毒是有史以来影响最大的病毒之一。从 1998 年 6 月，CIH 病毒引起了持续一年的恐慌，因为它本身具有巨大的破坏性，尤其它是第一个可以破坏某些计算机硬件的病毒。

CIH 病毒只在每年的 4 月 26 日发作，其主要破坏硬盘上的数据，并且破坏部分类型主板上的 Flash BIOS，是一种既破坏软件又破坏硬件的恶性病毒。当系统的时钟到了 4 月 26 日这一天，中了 CIH 病毒的计算机将受到巨大的打击。

病毒开始发作时，出现蓝屏现象，并且提示当前应用被终止，系统需要重新启动。

当计算机被重新启动后，用户会发现自己计算机硬盘上的数据被全部删除了，甚至某些计算机主板上 Flash ROM 中的 BIOS 数据被清除，如图 2-11 所示。

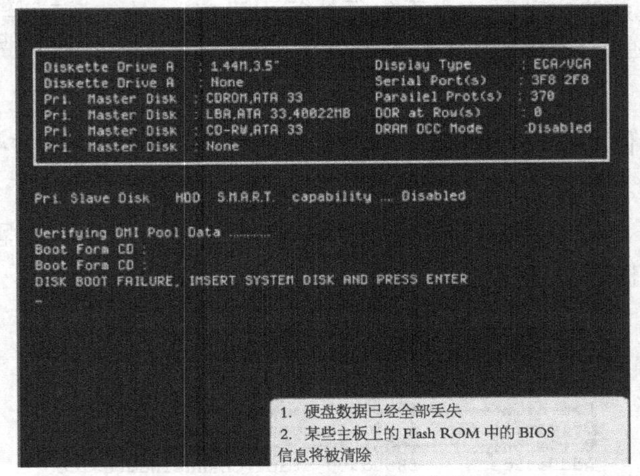

图 2-11　CIH 病毒破坏系统数据

● 红色代码病毒

红色代码病毒是一种网络传播的文件型病毒。该病毒主要针对微软公司的 Microsoft IIS 和索引服务、Windows NT4.0 及 Windows 2000 服务器中存在的技术漏洞，对网站进行攻击，服务器受到感染的网站将被修改。

如果是在英文系统下，红色代码病毒会继续修改网页；如果是在中文系统下，红色代码病毒会继续进行传播，图 2-12 所示为杀毒软件检测到红色代码病毒。

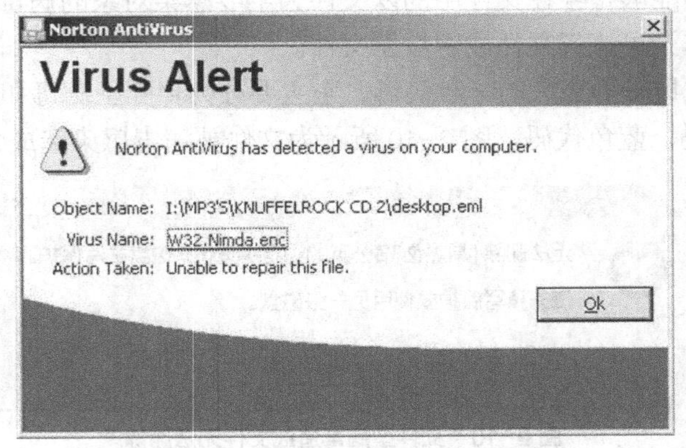

图 2-12　杀毒软件检测到红色代码病毒

5．宏病毒

宏是微软公司为其 OFFICE 软件包设计的一个特殊功能，软件设计者为了让人们在使用软件进行工作时，避免一再地重复相同的动作而设计出来的一种工具。宏利用简单的语法，把常用的动作写成宏，需要时，就可以直接利用事先编好的宏自动运行，完成某项特定的任务，目的是让用户文档中的一些任务自动化。

宏病毒可以把特定的宏命令代码附加在指定文件上，通过文件的打开或关闭来获取控制权，实现宏命令在不同文件之间的共享和传递，从而在未经使用者许可的情况下获取某种控制权，达到传染的目的，如图 2-13 所示。

以 Word 为例，宏病毒会替代原有的正常宏，如 FileOpen、FileSave、FileSaveAs 和 FilePrint 等，并通过这些宏所关联的文件操作功能获取对文件交换的控制。

宏病毒的表现现象有：

- 尝试保存文档时，Word 只允许保存为文档模板；
- Word 文档图标的外形类似文档模板图标而不是文档图标；
- 在工具菜单上选择“宏”并单击“宏”后，程序没有反应；
- 宏列表中出现新宏；
- 打开 Word 文档或模板时显示异常消息；
- 如果打开一个文档后没有进行修改，立即就有存盘操作。

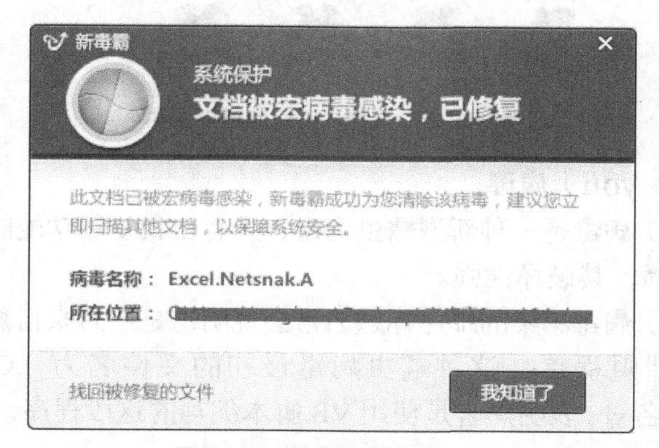

图 2-13　宏病毒侵入 Excel

6. Word 文档杀手病毒

Word 文档杀手病毒通过网络传播，该病毒运行后会搜索软盘、U 盘等移动存储磁盘和网络映射驱动器上 Word 文档，并试图用自身覆盖找到的 Word 文档，达到传播的目的。

病毒将破坏原来文档的数据，而且会在计算机管理员修改用户密码时进行键盘记录，记录结果也会随病毒传播一起被发送。Word 文档杀手病毒运行后，将在用户计算机中创建图 2-14 中所示的文件，当 sys 文件创建好后，Word 文档杀手病毒将在注册表中添加下列启动项：

[HKEY_LOCAL_MACHINE\Software\Microsoft\Windows\CurrentVersion\policies\Explorer\Run] “Explorer”=“%SystemDir%\sys.exe” 。这样在 Windows 启动时，病毒就自动执行。

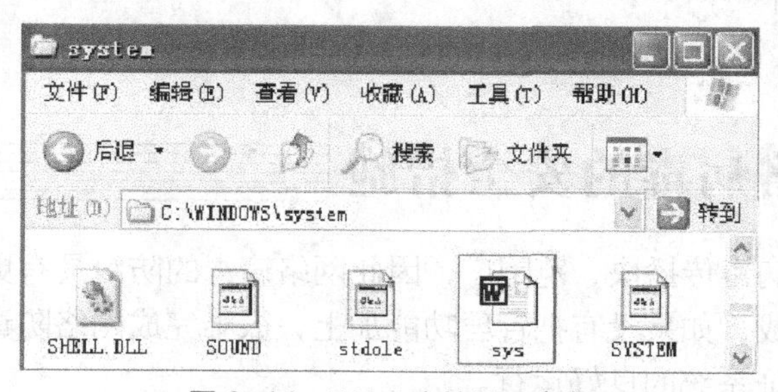

图 2-14　Word 文档杀手病毒

7．熊猫烧香病毒

2007年武汉的李俊制作出熊猫烧香病毒。它是一种感染型的蠕虫病毒，它能感染系统中EXE、COM、PIF、SRC、HTML、ASP等文件，它还能中止大量的反病毒软件进程，并且会删除扩展名为gho的文件，如图2-15所示。

图2-15中所示是一系统备份工具GHOST的备份文件，被感染的文件全部被改成熊猫举着三根香的模样。

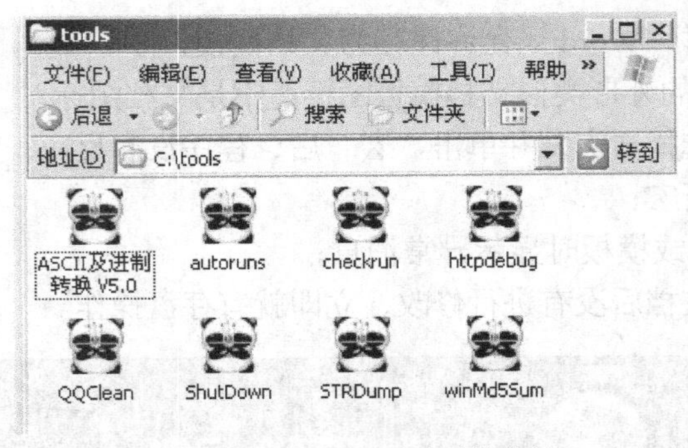

图2-15　熊猫烧香病毒感染文件

8．爱虫（I love you）病毒

爱虫（I love you）病毒是一种新型蠕虫病毒，具有自我复制功能的独立程序。爱虫病毒最初也是通过邮件传播，其破坏性强。

爱虫（I love you）病毒感染的邮件标题通常会说明这是一封来自您的暗恋者的表白信。邮件中的附件则是罪魁祸首。这种蠕虫病毒最初的文件名为LOVE-LETTER-FOR-YOU.TXT.vbs。后缀名vbs表明黑客是使用VB脚本编写的这段程序，如图2-16所示。

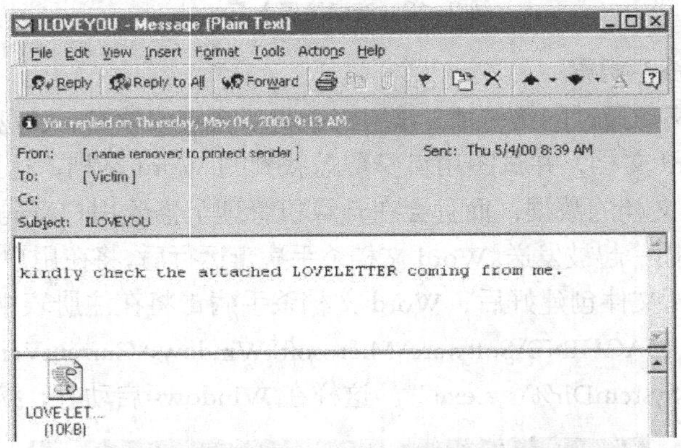

图2-16　爱虫（I love you）病毒感染邮件

2.5　防治网络病毒的安全措施

在网络环境下，病毒传播快、范围广，因此网络病毒的防治具有更大的难度。网络病毒防治应与网络管理集成，如果没有把管理功能加上，很难完成网络防毒的任务。只有管理与防范相结合，才能保证系统的良好运行。

在网络安全运维管理过程中，需要对运维管理的全部网络设备实施安全防范措施：如从

Hub、交换机、服务器到 PC，U 盘的存取、局域网信息互通及 Internet 接入等，只要是病毒能够进来的地方，都应采取相应的防范手段。

网络病毒防治除应具有基本安全防范意识之外，一些基本的网络安全保护措施必须知道。为防治网络病毒保证网络稳定运行，可采取一些基本方法。

1．树立病毒防范意识，从思想上重视计算机病毒

要从思想上重视计算机病毒可能会给计算机安全运行带来的危害。

对于计算机病毒，有病毒防治意识的人和没有病毒防治意识的人，对待病毒的态度完全不同。如对于反病毒研究人员，其计算机不会被病毒随意破坏，所采取的防护措施也并不复杂；而对于病毒毫无警惕意识的人员，可能连计算机显示屏上出现的病毒信息都不去仔细观察一下，任其在计算机中进行破坏。其实，只要稍有警惕，病毒在传染时和传染后留下的蛛丝马迹总是能被发现的。

2．把好机器和网络的入口关

很多病毒都是因为使用了含有病毒的 U 盘、拷贝了隐藏病毒的 U 盘资料等而感染的，所以必须把好计算机的“入口”关，在使用这些光盘、U 盘及从网络上下载的程序之前，必须使用杀毒工具进行扫描，查看是否带有病毒，确认无病毒后，再使用。

3．建立整套网络软件及硬件的维护制度，定期对各工作站进行维护

养成经常备份重要数据的习惯。要定期与不定期地对存储的文件进行备份，特别是一些比较重要的数据资料，以便在感染病毒导致系统崩溃时，可以最大限度地恢复数据，尽量减少可能造成的损失。

在维护前，对工作站有用数据采取保护措施，做好数据转存、系统软件备份等工作。

4．对操作系统和网络系统软件采取必要的安全保密措施

对网络中的计算机上的文件属性，可采取隐含、只读等加密措施，还可利用网络设置软件，对各工作站分别规定访问共享区的存取权限、口令字等安全保密措施，从而避免共享区的文件和数据等被意外删除或破坏。

5．加强网络系统的统一管理

针对网络中的各工作站，规定访问的共享区及存取权限口令字等，不能随意更改，要修改必须经网络管理员批准。

6．建立网络系统软件的安全管理制度、安全操作规程

建立网络系统软件的安全管理制度，对网络系统软件指定专人管理，定期备份，并建立网络资源表和网络设备档案，对网上各工作站的资源分配情况、故障情况、维修记录，要分别记录在网络资源表和网络设备档案上。

网络中的各台计算机的操作人员，必须严格按照网络操作手册进行操作，并认真填写每天的网络运行日志。

7．及时对系统和应用程序进行升级

及时更新计算机的操作系统，安装相应补丁程序，从根源上杜绝黑客利用系统漏洞攻击用户的计算机。可以利用系统自带“自动更新”功能，或者开启有些软件的“系统漏洞检查”功能（如“360 安全卫士”），全面扫描操作系统漏洞，要尽量使用正版软件。

及时将计算机中所安装的各种应用软件升级到最新版本，其中包括各种即时通信工具、下载工具、播放器软件、搜索工具等，避免病毒利用应用软件的漏洞进行传播。

8. 不要随便登录、打开未知网络信息

在收发电子邮件时，不打开一些来历不明的邮件，一些没有明显标识信息的、来历不明的邮件附件，应该马上删除，不随便下载网络上的插件。

用户不要随便登录不明网站或者不健康的网站，不要随便点击打开 QQ、MSN 等聊天工具上发来的链接信息，不要随便打开或运行陌生、可疑文件和程序，如邮件中的陌生附件，外挂程序等，这样可以避免网络上的恶意软件插件进入用户的计算机。

9. 开启系统的防火墙，监控系统状态

开启系统的防火墙，使系统处于随时随地的监测状态，保证网络的工作状态，随时处于可控制状态。安装正版的杀毒软件和防火墙，并及时升级到最新版本（如瑞星、金山毒霸、360、卡巴斯基、诺顿等）。

经常使用防毒软件对系统进行病毒检查。另外还要及时升级杀毒软件病毒库，及时更新杀毒引擎。一般每月至少更新一次，最好每周更新一次，并在有病毒突发事件时立即更新，这样才能防范新病毒，为系统提供真正安全的环境。

10. 养成使用计算机的良好习惯

在日常使用计算机的过程中，应该养成定期查毒、杀毒的习惯。因为很多病毒在感染后会在后台运行，用肉眼是无法看到的，而有的病毒会存在潜伏期，在特定的时间会自动发作，所以要定期对自己的计算机进行检查，一旦发现感染了病毒，要及时清除。

11. 要学习和掌握一些必备的相关知识

无论是只使用家用计算机的发烧友，还是每天上班都要面对屏幕工作的计算机一族，其使用的计算机都将无一例外地、毫无疑问地会受到病毒的攻击和感染，只是或早或晚而已。

因此，一定要学习和掌握一些必备的相关知识，这样才能及时发现新病毒并采取相应措施，在关键时刻减少病毒对自己计算机造成的危害。

2.6 杀毒软件基础知识

"杀毒软件"也称为"反病毒软件""安全防护软件"或"安全软件"。

注意"杀毒软件"是指计算机在上网过程中，系统文件被恶意程序篡改，导致计算机系统无法正常运作而需要用到的一些杀毒的程序。

安装在计算机中的"杀毒软件"，包括查杀病毒和防御病毒入侵两种功能，主要用于消除计算机病毒和恶意软件等对计算机产生的威胁。

杀毒软件通常集成监控识别、病毒扫描和清除及自动升级等功能，有的杀毒软件还带有数据恢复等功能，是计算机防御系统（包含杀毒软件、防火墙、特洛伊木马和其他恶意软件的查杀程序及入侵预防系统等）的重要组成部分。

对于杀毒软件我们需要注意以下几点。

（1）杀毒软件不可能查杀所有病毒。

（2）杀毒软件能查到的病毒，不一定能杀掉。

（3）同一台计算机的一个操作系统下不能同时安装两套或两套以上的杀毒软件（除非有兼容或绿色版），建议查看不兼容的程序列表。

（4）杀毒软件对被感染文件杀毒有多种方式：清除、删除、禁止访问、隔离、不处理。

- 清除：清除被蠕虫感染的文件，清除后文件恢复正常。相当于如果人生病，清除是给这个人治病，删除是将病人直接杀死。

- 删除：删除病毒文件。被感染的文件本身就含毒，无法清除，可以删除。
- 禁止访问：禁止访问病毒文件。在发现病毒后用户如选择不处理则杀毒软件可能将病毒设置为禁止访问。用户打开时会弹出错误对话框，内容是“该文件不是有效的 Win32 文件”。
- 隔离：病毒删除后转移到隔离区。用户可以从隔离区找回删除的文件。隔离区的文件不能运行。
- 不处理：不处理该病毒。如果用户暂时不知道是不是病毒可以暂时先不处理。

大部分杀毒软件是滞后于计算机病毒的，所以，除了及时更新升级软件版本和定期扫描外，还要注意充实计算机安全和网络安全知识，做到不随意打开陌生的文件或者不安全的网页，不浏览不健康的站点，注意更新自己的隐私密码，配套使用安全助手与个人防火墙等，这样才能更好地维护好自己的计算机和网络安全。

2.7 杀毒软件类型介绍

目前国内反病毒软件有三大巨头：360 杀毒、金山毒霸、瑞星杀毒。这几款网络病毒防范软件的使用的反响都不错，占领了目前主要的客户端设备。

但每款杀毒软件都有其自身的优缺点，评价与介绍如下。

1. 360 杀毒软件

奇虎公司创立于 2005 年 9 月，主营以 360 杀毒为代表的免费网络安全平台。作为中国最大的互联网安全公司之一，360 旗下拥有 360 安全卫士、360 杀毒、360 安全浏览器、360 安全桌面、360 手机卫士等系列产品深受用户好评。

360 杀毒软件经过最近几年的发展，在新产品的研发、工具软件的集成上都有非常大的改善，其领先的五引擎——BitDefender 引擎+修复引擎+360 云引擎+360QVM 人工智能引擎+小红伞本地内核，强力杀毒，全面保护用户计算机安全，拥有完善的病毒防护体系，目前在国内市场上占有率靠前。

此外，360 杀毒软件和 360 安全卫士是安全上网的主要“黄金组合”之一，如图 2-17 所示。

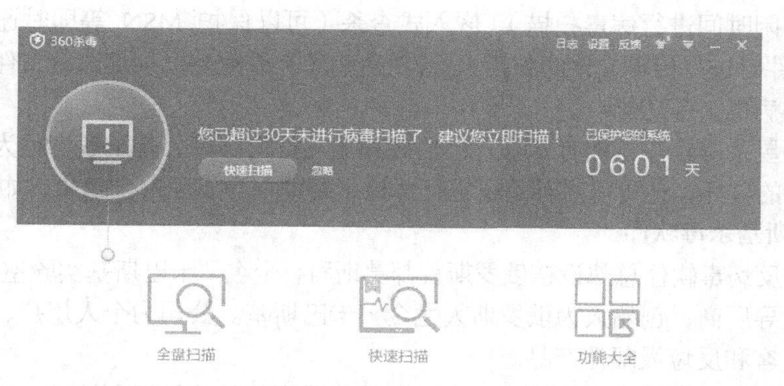

图 2-17 360 杀毒软件

2．金山毒霸

金山毒霸是金山公司推出的计算机安全产品，监控、杀毒功能全面、可靠，占用系统资源较少。其软件的组合版（金山毒霸、金山网盾、金山卫士）功能强大，集杀毒、监控、查木马、查漏洞为一体，是一款具有市场竞争力的杀毒软件。

金山毒霸（Kingsoft Antivirus）现已更名为新毒霸，从 1999 年发布最初版本至 2010 年时由金山软件开发及发行，金山毒霸融合了启发式搜索、代码分析、虚拟机查毒等技术。经业界证明其成熟可靠的反病毒技术、丰富的经验，在查杀病毒种类、查杀病毒速度、未知病毒防治等多方面达到世界先进水平。金山毒霸具有病毒防火墙实时监控、压缩文件查毒、查杀电子邮件病毒等多项先进的功能，如图 2–18 所示。

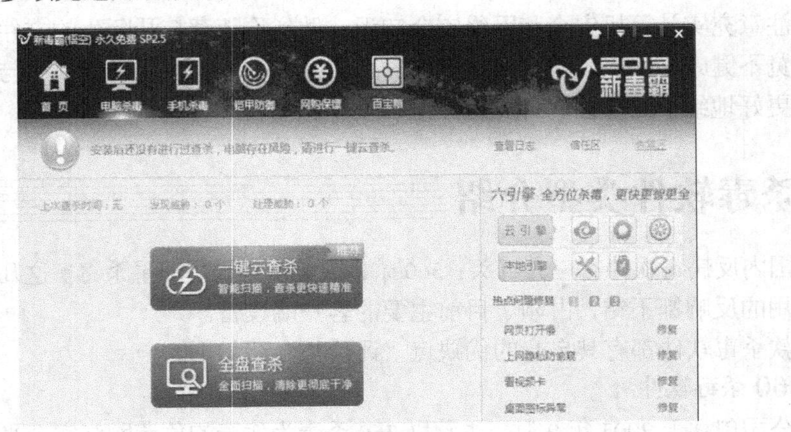

图 2–18　金山毒霸

3．瑞星杀毒软件

瑞星以研究、开发、生产及销售计算机反病毒产品、网络安全产品和反“黑客”防治产品为主，拥有全部自主知识产权和多项专利技术。

瑞星杀毒软件其监控能力十分强大，但同时占用系统资源较大。瑞星采用第八代杀毒引擎，能够快速、彻底查杀各种病毒，拥有后台查杀（在不影响用户工作的情况下，进行病毒的处理）、断点续杀（智能记录上次查杀完成文件，针对未查杀的文件进行查杀）、异步杀毒处理（在用户选择病毒处理的过程中，不中断查杀进度，提高查杀效率）、空闲时段查杀（利用用户系统空闲时间进行病毒扫描）、嵌入式查杀（可以保护 MSN 等即时通信软件，并在 MSN 传输文件时进行传输文件的扫描）、开机查杀（在系统启动初期进行文件扫描，以处理随系统启动的病毒）等功能。

此外，瑞星杀毒软件还拥有木马入侵拦截和木马行为防御，基于病毒行为的防护，可以阻止未知病毒的破坏，还可以对计算机进行体检，帮助用户发现安全隐患，如图 2–19 所示。

4．卡巴斯基杀毒软件

卡巴斯基反病毒软件总部设在俄罗斯首都莫斯科，全名“卡巴斯基实验室”，是国际著名的信息安全领导厂商，创始人为俄罗斯人尤金·卡巴斯基。公司为个人用户、企业网络提供反病毒、防黑客和反垃圾邮件产品。

经过十四年与计算机病毒的战斗，卡巴斯基获得了独特的知识和技术，成为了病毒防卫的技术领导者和专家。

该公司的旗舰产品——著名的卡巴斯基安全软件，主要针对家庭及个人用户，能够彻底保护用户计算机不受各类互联网威胁的侵害，如图 2-20 所示。

图 2-19 瑞星杀毒软件

图 2-20 卡巴斯基反病毒软件

5．诺顿杀毒软件

诺顿电脑医生（Norton Utilities，NU）最初由 Norton by Symantec 所开发的计算机整理包，而该公司最近为赛门铁克收购，并集成在诺顿系列产品中。

诺顿是新收购 Symantec（赛门铁克）公司个人信息安全产品之一，亦是一个广泛应用的反病毒软件。诺顿反病毒产品包括：诺顿网络安全特警（Norton Internet Security）、诺顿防病毒软件（Norton Antivirus）、诺顿 360 全能特警（Norton 360）等产品，如图 2-21 所示。

图 2-21 诺顿电脑医生

2.8 云安全基础知识

“云安全（Cloud Security）”计划是网络时代信息安全的最新体现，它融合了并行处理、网格计算、未知病毒行为判断等新兴技术和概念，通过网状的大量客户端对网络中软件异常行为的监测，获取互联网中木马、恶意程序的最新信息，推送到服务端进行自动分析和处理，再把病毒和木马的解决方案分发到每一个客户端，如图 2-22 所示。

未来杀毒软件将无法有效地处理日益增多的恶意程序。来自互联网的主要威胁正在由计算机病毒转向恶意程序及木马，在这样的情况下，采用的特征库判别法显然已经过时。

云安全技术得到应用后，识别和查杀病毒不再仅仅依靠本地硬盘中的病毒库，而是依靠庞大的网络服务，实时进行采集、分析及处理。

整个互联网就是一个巨大的“杀毒软件”，参与者越多，每个参与者就越安全，整个互联网就会越安全，如图 2-23 所示。

图 2-22　智能手机的云安全系统

图 2-23　互联网的云安全系统

【网络安全事件】历史上著名的病毒攻击事件

1. 蠕虫王，互联网的“9·11”

2003 年 1 月 25 日，互联网遭遇到全球性的病毒攻击。

突如其来的蠕虫，不亚于让人们不能忘怀的“9·11”事件。这个病毒名叫 Win32.SQLExp.Worm，病毒体极其短小，却具有极强的传播性。它利用 Microsoft SQL Server 的漏洞进行传播，由于 Microsoft SQL Server 在世界范围内都很普及，因此此次病毒攻击导致全球范围内的互联网瘫痪，在中国 80%以上网民受此次全球性病毒袭击影响而不能上网，很多企业的服务器，被此病毒感染引起网络瘫痪。

而美国、泰国、日本、韩国、马来西亚、菲律宾和印度等国家的互联网也受到严重影响。直到 26 日晚，蠕虫王才得到初步的控制。这是继红色代码、尼姆达、求职信病毒后又一起极速病毒传播案例。

所以蠕虫王的出现，全世界范围内损失额高达 12 亿美元。

2. 爱虫病毒

2000 年 5 月 4 日，一种名为我爱你的计算机病毒，开始在全球各地迅速传播。

这个病毒是通过 Microsoft Outook 电子邮件系统传播的，邮件的主题为“I LOVE YOU”，并包含一个附件。一旦在 Microsoft Outlook 里打开这个邮件，系统就会自动复制，并向地址簿中的所有邮件地址发送这个病毒。

我爱你病毒，又称爱虫病毒，是一种蠕虫病毒，它与 1999 年的梅丽莎病毒非常相似。据称，这个病毒可以改写本地及网络硬盘上面的某些文件。用户机器染毒以后，邮件系统将会变慢，并可能导致整个网络系统崩溃。

由于是通过电子邮件系统传播，我爱你病毒在很短的时间内就袭击了全球无以数计的计算机，并且，从被感染的计算机系统来看，“爱虫”病毒的袭击对象并不是普通的计算机用户，而是那些具有高价值 IT 资源的计算机系统：美国国防部的多个安全部门、中央情报局、英国国会等政府机构及多个跨国公司的电子邮件系统遭到袭击。

爱虫病毒是迄今为止发现的传染速度最快而且传染面积最广的计算机病毒，它已对全球包括股票经纪、食品、媒体、汽车和技术公司及大学甚至医院在内的众多机构造成了负面影响。

【任务实施】安装 360，保护终端设备安全

【任务描述】

张明从学校毕业，分配至顶新公司网络中心，承担公司网络管理员工作，负责维护和管理公司所有的网络设备。张明上班后，就发现公司内部的很多计算机都没有安装客户端的杀病毒及客户端防火墙软件，造成了公司内部网络非常不安全。

张明决定从网络上下载 360 防病毒软件，安装在公司内部所有的计算机上，通过 360 防病毒软件保护办公网计算机设备安全，从而实现办公网安全。

【工作过程】

（1）从 360 的官方网站下载安装包。

从 360 的官方网站“http://www.360.cn/”下载软件工具包，如图 2-24 所示。

图 2-24 360 官方网站

在本地机器上安装 360 防病毒软件包，360 防病毒软件包通过启用向导的方式，直接引导用户安装，各个选项都采用默认的“我接受”“下一步”的方式直接安装。

安装完成的 360 杀毒软件，如图 2-25 所示。

（2）使用 360 杀毒软件检测本机安全。

360 杀毒软件是 360 安全中心出品的一款免费的云安全杀毒软件。360 杀毒具有查杀率高、资源占用少、升级迅速等优点。同时，360 杀毒可以与其他杀毒软件共存，是一个理想杀毒备选方案。

在打开的 360 杀毒软件的主界面上，选择“快速扫描”选项，即可开始对本地主机进行防病毒扫描，扫描主界面，如图 2-26 所示。扫描本机完成后，给出扫描病毒报告。

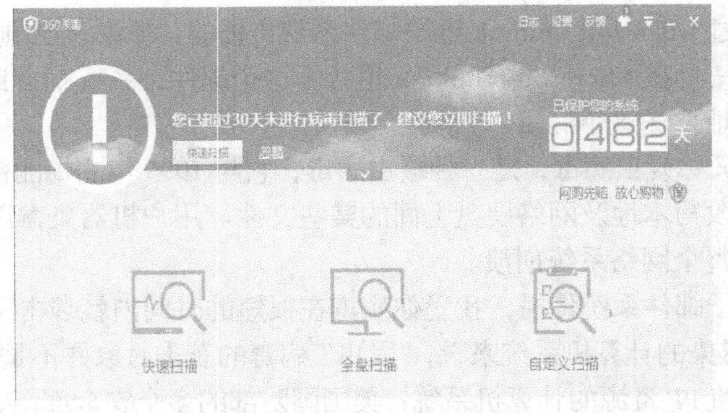

图 2-25　360 杀毒软件

图 2-26　360 快速扫描

此外，还可以选择 360 杀毒软件的主界面上“自定义扫描”，定制监测本机指定文件及文件夹安全，以及扫描直接插入的可移动的终端设备安全。

360 杀毒软件针对扫描出的病毒信息，会给出相应的隔离、清除等操作方案。

（3）使用 360 安全卫士保护本机安全。

360 安全卫士是一款由 360 推出的功能强、效果好、受用户欢迎的上网安全软件。360 安全卫士拥有查杀木马、清理插件、修复漏洞、电脑体检、保护隐私等多种功能，依靠抢先侦测和云端鉴别，可全面、智能地拦截各类木马，保护用户隐私等重要信息。

单击桌面或者开始菜单中“安全卫士图标”即可开启软件，如图 2-27 所示。

图 2-27　360 安全卫士界面

首次运行360安全卫士会进行第一次系统全面检测，并给出最新的本机安全报告。

360安全卫士的安全操作功能描述如下。

（1）电脑体检：对计算机进行详细的检查，对计算机系统进行快速一键扫描，对木马病毒、系统漏洞、差评插件等问题进行修复，全面解决潜在安全风险，提高计算机运行速度。

（2）查杀木马：使用360云引擎、360启发式引擎、小红伞本地引擎、QVM四引擎杀毒。先进的启发式引擎，智能查杀未知木马和云安全引擎双剑合一查杀能力倍增，如果使用常规扫描后感觉计算机仍然存在问题，还可尝试360强力查杀模式。

（3）漏洞修复：为系统修复高危漏洞和功能性更新。其提供的漏洞补丁均由微软官方获取，及时修复漏洞，保证系统安全。

（4）系统修复：修复常见的上网设置、系统设置。一键解决浏览器主页、开始菜单、桌面图标、文件夹、系统设置等被恶意篡改的诸多问题，使系统迅速恢复到“健康状态”。

（5）电脑清理：清理插件，清理垃圾和清理痕迹并清理注册表。可以清理使用计算机后所留下个人信息的痕迹，这样做可以极大地保护用户的隐私。

（6）优化加速：加快开机速度（深度优化：硬盘智能加速 + 整理磁盘碎片）。

（7）电脑专家：提供几十种各式各样的功能。

（8）软件管家：安全下载软件、小工具。它提供了多种功能强大的实用工具，有针对性的帮用户解决计算机问题，提高计算机速度。

PART 3

项目 3 保护用户账户安全

核心技术

- 设置系统启动密码，保护客户端安全

学习目标

- 了解计算机开机密码
- 保护用户计算机账户密码
- 设置 Administrator 系统账户密码
- 保护 Windows 系统账户安全
- 保护网上银行账户安全

登录计算机的用户账户主要用来记录用户的用户名和口令、隶属的组、可以访问的网络资源，以及用户的个人文件和设置。微软的 Windows 操作系统为每一位登录计算机的用户设置了用户登录账户信息。每名用户都应在域控制器中有一个用户账户，通过账户访问服务器，使用网络上的资源。

一般来说，凡是允许用户注册的网站，都会在其主页显著位置上设置“注册”标签，让用户申请。只要符合其规定，并在其他用户还没有注册此名时，即可注册；假如该名已经被他人注册，都会给以提示。这种情况下，只能再次申请，直到注册成功。

保护用户账户的安全，具有非常重要意义。

3.1 计算机开机密码

保护计算机账户的安全，可以通过在计算机上设置登录用户密码方式完成。

对于微软的 Windows 操作系统，设置开机密码的方法有 3 种：设置系统用户密码、系统启动密码和 BIOS 密码。通过这 3 种密码，可以有效保护计算机系统的账户安全。

这 3 种开机密码，从日常使用的频率上考虑，以系统用户密码的使用频率最高；从安全性上考虑，以系统启动密码的安全性最高，系统用户密码其次，BIOS 密码的安全性最低，如图 3-1、图 3-2 和图 3-3 所示。

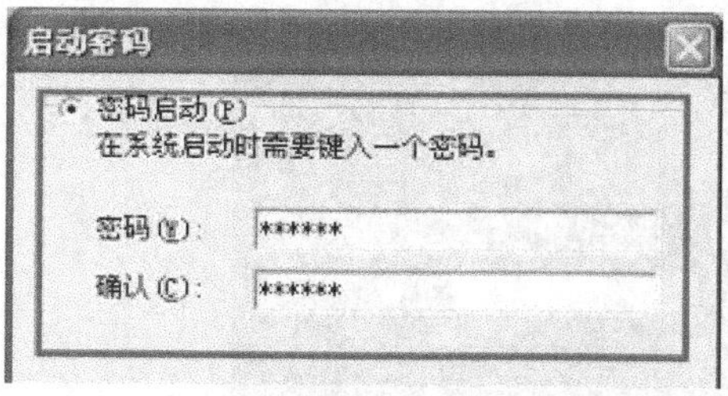

图 3-1　系统启动密码

图 3-2　系统用户密码

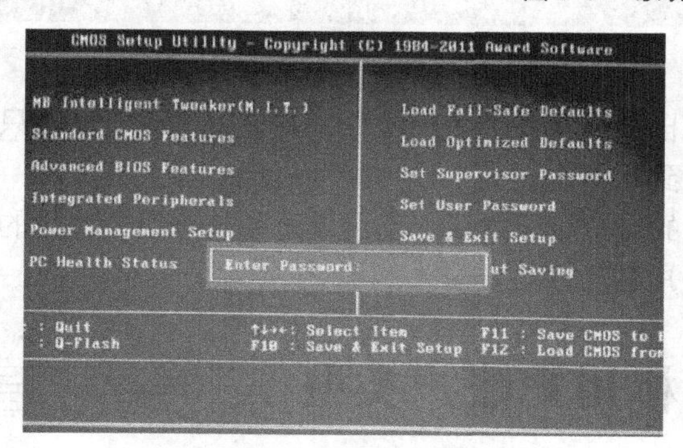

图 3-3　BIOS 密码

在日常使用频率上，由于系统用户密码设置简单、方便，使用频率最高。虽然系统启动密码的安全性更高，但由于配置过程非常麻烦，非专业用户很难完成系统，因此日常使用的很少。

因为 BIOS 密码安全保护，可以通过将主板上的电池取下而消除，系统用户密码在网上也可以找到很多破解方法，但系统启动密码还很难找到破解方法，所以建议同时设置系统启动密码和系统用户密码，这样就有双重密码保护。

不但开机时要输入密码，而且在暂时离开时，通过按键盘上“热启动键”（同时按下【Ctrl+Alt+Del】组合键）锁定计算机（锁定时，计算机返回登录的画面，必须输入用户密码才能返回系统进行正常操作），使他人无法使用，如图 3-4 所示。

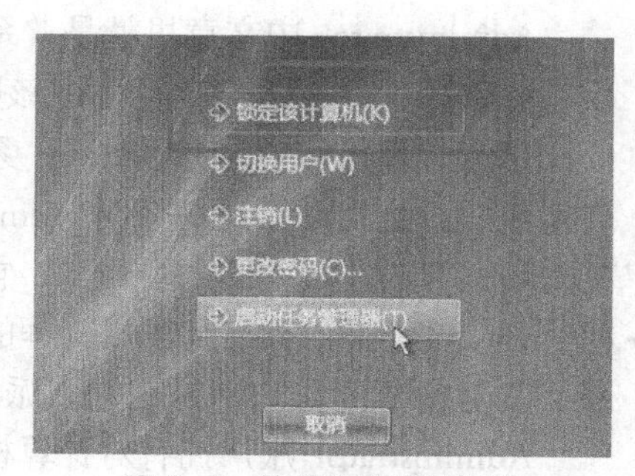

图 3-4　热启动键启动保护

3.2　用户计算机账户密码

计算机登录账户的存在，是为了解决多人共用计算机使用安全的问题，这也是计算机设置用户账户的最基本功能。如家里有一台公用计算机，父亲、母亲和孩子共同使用，不仅不能满足个性化需求，而且还会带来很多隐私问题，如父母收发邮件可能会被孩子看到。因此需要为公用计算机设置不同的登录账户，赋予这些账户不同的登录权限。

说到 Windows 系统用户，很多人就会联想到系统登录时，输入的用户名和密码，如图 3-5 所示。建立用户账户的目的，就是为了区分不同用户使用公用计算机权限。

在公用计算机上，用户账户是计算机角色控制，Windows 操作系统提供多用户账户权限设置。

图 3-5　Windows 系统管理员账户

如果每个用户都为自己建立一个用户账户，并设置密码，这样只有在输入个人用户名和密码之后，才可以进入到系统中。

每个用户使用自己的账户登录之后，都可以对系统进行个性化的自定义设置，而一些隐私信息，也必须使用用户名和密码登录才能看见。

3.3　了解计算机用户账户类型

在 Windows 操作系统中，提供有 3 种不同类型的账户：Administrator 账户、用户自建的标准账户和 Guest 账户。

Windows 系统中不同类型的账户，类似于公司中不同职位的员工，可谓等级分明，所拥有的权限也大有不同。

1．Administrator（系统管理员）账户

Administrator 中文意思就是"系统管理员"，即所谓的"超级用户"。对 Windows 而言，仅有安装操作系统才会自动生成该账户。

每台计算机在安装 Windows 系列的操作系统后，会自动新建一个叫 Administrator 的管理计算机（域）的内置账户，它是计算机管理员的意思，拥有计算机管理的最高权限，其他新建的账户都是在它下派生。

Administrator 账户拥有对计算机操作的最高权限，所有对操作系统的高级管理操作，如配置管理权限、修改系统注册表信息等，都需要使用该账户，如图 3-6 所示。

图 3-6　Administrator（系统管理员）账户

由于 Administrator 管理员账户对计算机安全起着很大的作用，很多黑客均是通过盗取 Administrator 管理员账户，对他人计算机或者服务器进行入侵。

由于 Administrator 管理员账户拥有对计算机最高管理权限，因此只要获取到该管理员账户，就可以获取到计算机中的任何信息，因此一般在服务器领域均十分注重该账户的安全。

2．用户自建标准账户

用户自建的标准账户，默认情况下都属于管理员账户。一台公用的计算机在使用的过程

中，可以根据实际需要，创建多个具有管理员权限的用户标准账户。同时在创建标准账户的时候，可以赋予该标准账户属于管理员权限或者是受限用户权限，如图 3-7 所示。

图 3-7　拥有管理员权限的标准账户

在上面的例子中，可以分别为父亲、母亲和孩子都可以创建一个标准账户，并赋予管理员的权限来使用计算机。

如果父母想对孩子使用计算机进行一些限制，还可以将孩子使用的标准账户改为“受限用户”标准账户，这样孩子就只能进行一些基本操作了，从而保护孩子使用计算机的安全。

3. Guest（来宾）账户

如果家里来了客人怎么办？总不能为每一个客人都建立单独的账户？

Windows 操作系统中默认的 Guest 账户，可以解决这个问题。该账户默认情况下是禁用，可以在控制面板中将其启用，如图 3-8 所示。

Guest 原意是“客人”“旅客”“访客”的意思。在计算机中，Guest 是指让给客人访问计算机系统的账户，在 Windows 操作系统中称之为“来宾账户”。

与“Administrator”和“User”不同，通常这个账户没有修改系统设置和进行安装程序的权限，也没有创建修改任何文档的权限，只能是读取计算机系统信息和文件。由于黑客和病毒的原因，一般情况下是不推荐使用此账户，最好是不要开启这个账户。

客人通过该 Guest（来宾）账户使用计算机会受到很多限制，也只能进行计算机的基本操作，更不能更改计算机的重要设置。

图 3-8　选择 Guest（来宾）账户登录系统

3.4　设置 Administrator 系统账户密码

黑客入侵的常用手段之一就是试图获得 Administrator 账户的密码。

每一台计算机至少需要一个账户拥有 Administrator（管理员）权限，但不一定非用“Administrator”这个名称不可。所以，在 Windows 系列的操作系统中，最好创建另一个拥有全部权限的账户，然后停用 Administrator 账户。

另外，在 Windows 系列的操作系统中，修改一下默认的所有者账户名称，也可实现简单的安全防护。

如何将 Administrator 账户改名？有 3 种方法可以实现。

● 方法一

在 Windows 系列的操作系统中，Administrator 账户拥有最高的系统权限，但因为名字太长很不方便。只要从“开始”菜单→“运行”中，输入“gpedit.msc”命令，打开组策略编辑器，如图 3-9 所示。

然后，依次定位到“计算机配置”→“Windows 设置”→“安全设置”→“本地策略”→“安全选项”。再从右侧窗口的最底端，找到“账户：重命名系统管理员账户”，双击打开后，进行修改就可以。

● 方法二

在桌面上找到“我的电脑”图标，右键单击选择“管理”选项，打开“计算机管理”窗口，如图 3-10 所示。

选择“本地用户和组”中的“用户”，在右侧窗口中就会出现计算机中的所有账户了。

找到“Administrator”后，单击右键，选择“重命名”然后输入想要的名字就可以。

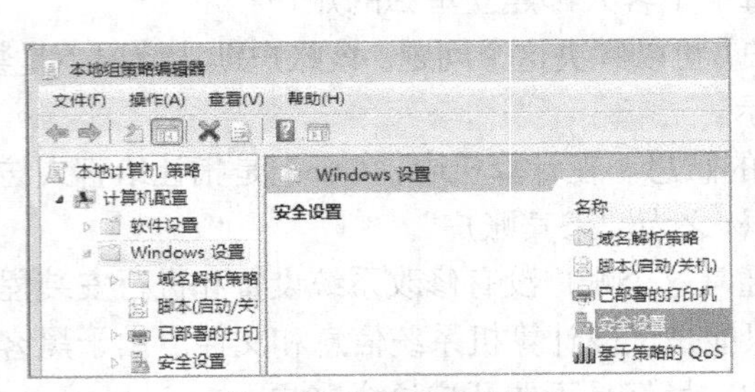

图 3-9 组策略编辑器

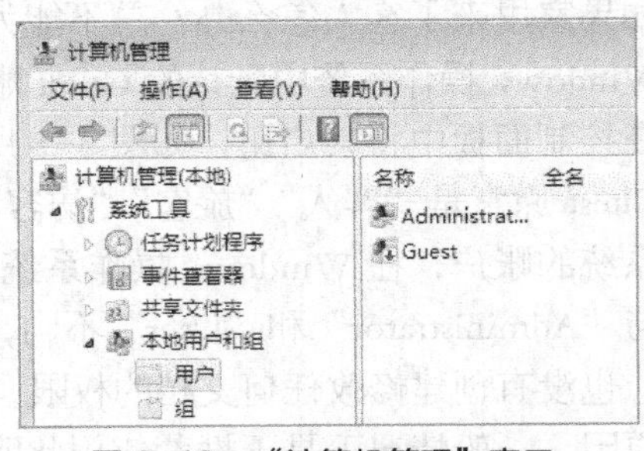

图 3-10 “计算机管理”窗口

● 方法三

用鼠标单击“开给”菜单，打开控制面板。然后，打开“管理工具”快捷方式，打开管理工具窗口。再选择“本地安全策略”，打开本地安全策略窗口，如图 3-11 所示。

依次打开“本地策略“→“安全选项”，在所有安全策略里的档案，找到“账户”→“重命名系统管理员账户 Administrator”这个档案，单击两下打开即可改名。

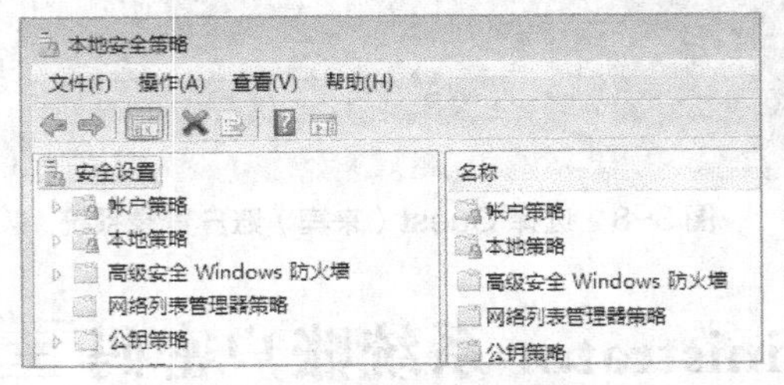

图 3-11 本地安全策略窗口

下面主要介绍“用户密码”的简单设置方法。

1．设置 Administrator（管理员）账户密码

单击 Windows 操作系统“开始”菜单，打开“控制面板”窗口，选择“用户账户”项。或者在系统的“开始”菜单中直接双击“ ”图标，快捷打开“用户账户”窗口。

在打开的“用户账户”窗口中，选择右侧“Administrator（管理员账户）”，可以更改管理账户的密码。

通过选择下方“管理其他账户”按钮，增加、启动新用户，如图 3-12 所示。

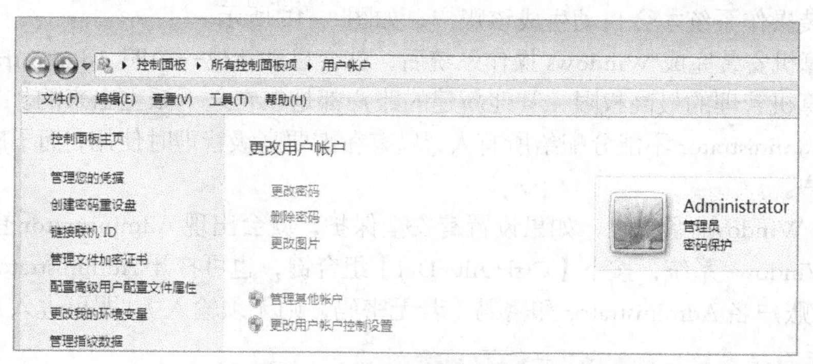

图 3-12 管理系统的其他账户

2．启动 Guest（来宾）账户

使用“管理其他账户”按钮，打开新用户管理窗口，按右侧“Guest（来宾）”按钮，启用 Guest（来宾）账户，如图 3-13 所示。

图 3-13 创建一个新账户

也可选择“创建一个新账户”选择，赋予一个新建账户更高管理权限，如图 3-14 所示。

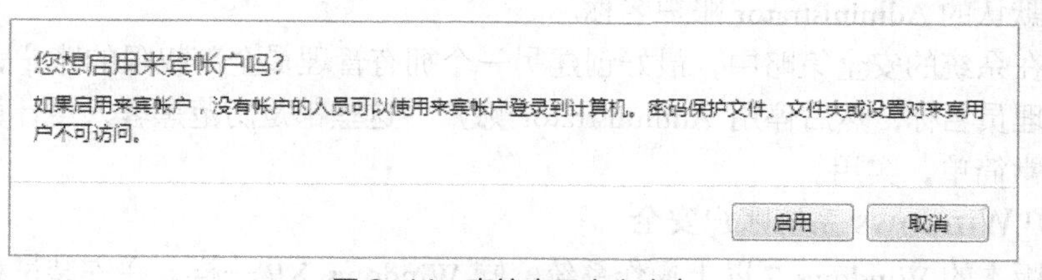

图 3-14 直接启用来宾账户

3．取消 Guest（来宾）账户

如果要取消设置的密码，只要在上述第二步要求输入新密码时，直接按【回车】键即可。

如果要取消 Guest（来宾）账户，首先单击“Guest（来宾）”账户。在打开的 Guest（来宾）账户窗口上，选择“关闭“Guest（来宾）账户”选项，即可完成取消 Guest（来宾）账户。

3.5 保护 Windows 系统账户安全

1. 系统管理员 Administrator 账户介绍

对于 Windows 操作系统的计算机而言，每台计算机均有一个 Administrator 账户。Administrator 就是系统管理员账户或超级用户的意思，拥有 Windows 操作系统的最高管理权限，仅有安装操作系统才会自动生成该账户，如图 3-15 所示。

每台计算机安装完成 Windows 操作系统后，就会自动新建一个叫 Administrator 的内置账户，拥有计算机管理的最高权限，其他新建的账户都是在它之下派生出来的。

所以，Administrator 不能分配给所有人，只有在需要高级管理时使用，而不应该作为日常登录用户账户。

- 登录 Windows 系统时，如果设置有安全保护，就会出现 Administrator 登录界面。
- 在 Windows 系统，按下【Ctrl+Alt+Del】组合键，也可打开 Administrator 登录界面，输入账户名 Administrator 和密码（若无密码，则无须输入），即可进入系统账户。

图 3-15 系统管理员 Administrator 账户

2. 配置 Administrator 账户的安全策略

Administrator 用户的初始密码是空的。如果没有安装防火墙，黑客很容易通过 Administrator 账户进入用户计算机。就算安装了防火墙，也避免不了黑客高手破解，因此设置合适 Administrator 账户安全策略非常重要。

日常生活中，黑客入侵计算机常用手段之一就是试图获得 Administrator 账户密码，因此为保护 Windows 系统安全，一方面需要为 Administrator 账户设置更为复杂的密码，另一方面还需要修改默认的 Administrator 账户名称。

另外，在系统的安全策略中，最好创建另一个拥有管理员全部权限的账户，并另外创建一个新的管理员名称，然后停用 Administrator 账户。这些都是防范黑客入侵计算机的有效措施，而且非常简单、实用。

3. 保护 Windows 系统账户安全

微软新版本的 Windows 7 以上操作系统，同 Windows XP 一样，在安装过程中，同样会默认创建一个密码为空、名为“Administrator”的系统管理员账户。

所不同的是，在 Windows XP 中，尽管内置的“Administrator”系统管理员账户在控制面板中是隐藏的，即在用户列表中不可见，但默认是启用，用户可以直接使用 Administrator 账户登录。而在 Windows 7 中，出于系统安全角度的考虑，内置的 Administrator 系统管理员账户，默认为“禁用”状态。

（1）启用 Windows 7 内置 Administrator 账户。

在某些情况下，可能需要启用这个内置管理员账户，方便进行系统管理。

要启用内置的管理员账户，可通过多种途径，方法如下。

在桌面上“我的电脑”图标上单击右键，选择“管理”，打开“计算机管理”后，选择“本地用户和组”中的“用户”，在右侧窗口中找到“Administrator”，如图 3-16 所示。

在“Administrator”系统管理员账户上用鼠标双击，打开“Administrator 属性”对话框，如图 3-17 所示。

在对话框上，勾选掉“账户已禁用”复选框，即可启用 Windows 7 内置“Administrator”账户。这样就可以使用 Administrator 管理员权限，管理本计算机安全策略。

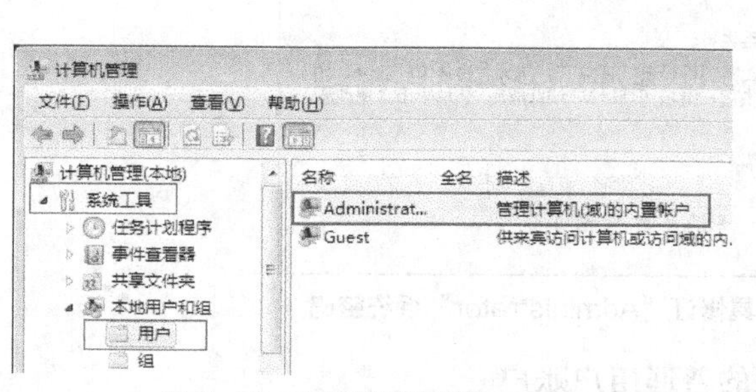

图 3-16　打开本地用户组

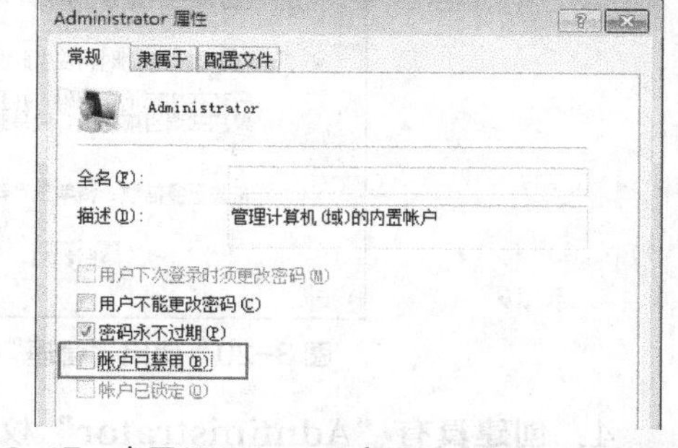

图 3-17　启用 Windows7 内置 Administrator 账户

需要提醒注意的是，在日常情况下最好不要滥用 Administrator 账户。

所以 Administrator 账户不能分配给任何非管理人员，只有在需要管理配置系统高级配置时，才使用该账户，而不应该作为日常登录账户。

（2）修改 Administrator 账户密码。

启用的 Administrator 账户密码如果过于简单，可以重新修改密码，设置数字和字符混合的密码，并增加密码长度，以增强密码被破解的难度。

通过“开始”菜单，打开“控制面板”窗口中“用户账户”项。在打开“用户账户”窗口中，选择“更改密码”按钮，如图 3-18 所示。

在打开的“更改密码”窗口中，输入之前已经配置的“当前密码”，输入具有字符和数字组合的、有难度的“新密码”，确认后，重启即可生效，如图 3-19 所示。

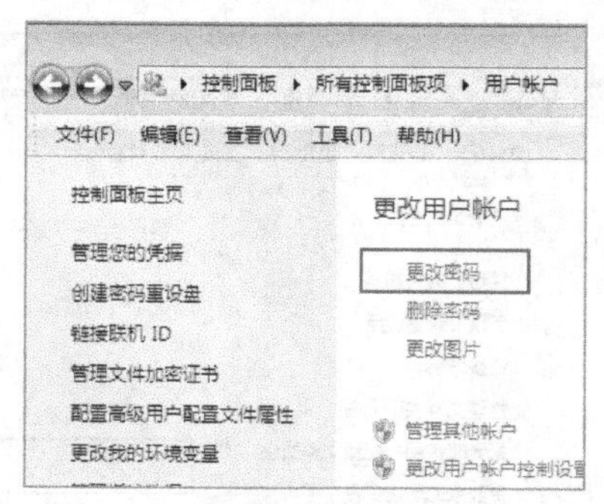

图 3-18　更改密码

图 3-19　设置新密码难度

（3）禁止使用“计算机管理”窗口修订密码。

在桌面上“我的电脑”图标上右键单击，选择“管理”，打开“计算机管理”窗口后，选择“本地用户和组”中的“用户”，在右侧窗口中找到“Administrator”，如图 3-20 所示。

选择“Administrator”用户，按鼠标右键，选择快捷菜单中“设置密码…”菜单，系统会提示此模式下修订 Administrator 密码所带来风险，因为很多对系统的高级管理操作都使用该账户操作。

因此不建议在“计算机管理”窗口修订 Administrator 系统密码，除非是系统管理员因为特殊需求。

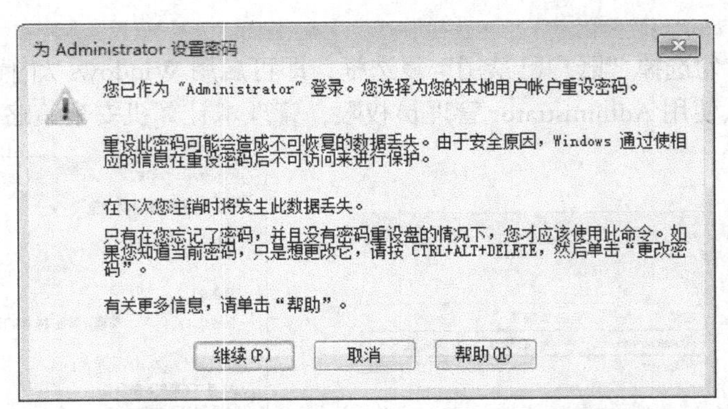

图 3-20　使用“管理”工具修订“Administrator”系统密码

4．创建具有“Administrator”权限的普通用户账户

在一些重要的计算机上，开启 Administrator 账户会给系统运行带来风险。因为网络中的入侵者都习惯上使用“Administrator 账户”名称，试图获得 Administrator 账户密码。

因此为保护 Windows 系统安全，可以通过以下方案减少风险。

- 为 Administrator 账户设置更为复杂的密码。
- 修改默认的 Administrator 账户名称。
- 禁用 Administrator 账户。

当然，在系统的安全策略中，可以通过创建普通用户，并赋予该普通用户账户另一个拥有管理员全部权限，成为新创建的管理员账户，然后停用 Administrator 账户。

5．Administrator 账户和新建管理员账户

Windows 7 操作系统中内置的 Administrator 系统管理员账户和新建的管理员账户，同属于 Administrator 组下面的账户，具有一样的权限，在使用权限上无任何大的区别。

但区别是：Administrator 系统默认管理员，也称为超级用户，在很多文件默认只赋予 Administrator 能完全控制，而其他管理员不可以，但是其他管理员通过修改权限取得控制权以后也可以实现；此外，其他管理员可以被删除，而 Administrator 管理员无法被删除。

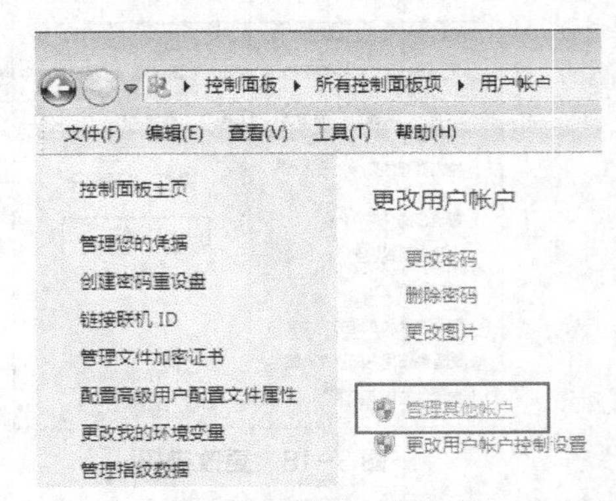

图 3-21　管理其他账户

在 Windows 操作系统中，通过“开始”菜单，打开“控制面板”窗口中“用户账户”项。在打开“用户账户”窗口中，选择“管理其他账户”按钮，如图 3-21 所示。

选择“管理账户”窗口中，“创建一个新账户”

按钮，即可开启“命名账户并选择账户类型”配置信息，选择内容如图 3-22 所示。

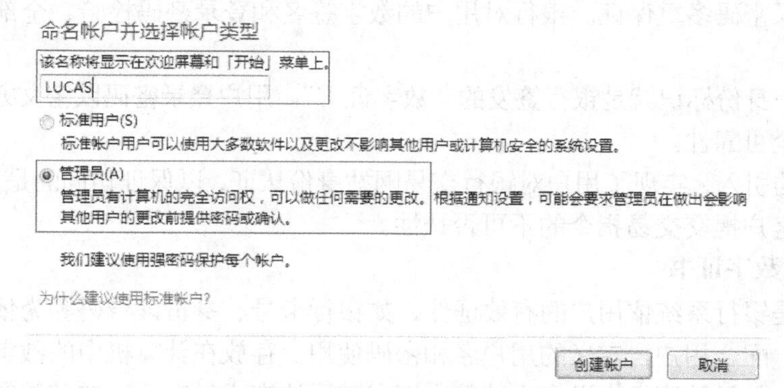

图 3-22　创建管理员账户

3.6　保护网上银行账户安全

1．什么是网上银行

网上银行又称网络银行、在线银行，是指银行利用 Internet 技术，通过 Internet 向客户提供开户、查询、对账、行内转账、跨行转账、信贷、网上证券、投资理财等传统服务项目，使客户可以足不出户就能够安全便捷地管理活期和定期存款、支票、信用卡及个人投资等。可以说，网上银行是在 Internet 上的虚拟银行柜台。

网上银行又被称为“3A 银行”，因为它不受时间、空间限制，能够在任何时间（Anytime）、任何地点（Anywhere）、以任何方式（Anyway）为客户提供金融服务，图 3-23 所示为招商银行网上银行登录界面。

图 3-23　招商银行网上银行登录界面

2．保障网上银行安全

“网上银行”系统是银行业务服务的延伸，但互联网是一个开放的网络，银行交易服务器是网上公开站点，网上银行系统也使银行内网向互联网敞开大门。

如何保证网上银行交易系统安全，这是网上银行交易考虑的最重要的问题。

网上交易不是面对面交易，客户可以在任何时间、地点发出请求，传统的身份识别方法只靠“用户名”和“登录密码”，对用户身份进行认证，这些密码在登录时以明文方式在互联网上传输，很容易被黑客截获。

在网上银行系统中，用户身份认证依靠基于“RSA 公钥密码体制”加密机制、数字签名机制和用户登录密码多重保证。银行对用户的数字签名和登录密码检验，全部通过后才能确认该用户身份。

用户的唯一身份标识就是银行签发的“数字证书”。用户登录密码以密文方式传输，确保了身份认证安全可靠性。

数字证书的引入，实现了用户对银行交易网站身份认证，以保证访问的是真实银行网站，另外还确保了客户提交交易指令的不可否认性。

3．什么是数字证书

数字证书是银行系统依用户的有效证件，如银行卡号、身份证号码等为依据，生成一个数字证书文件，配合用户自定义的用户名和密码使用。存放在计算机中的数字证书，每次交易时都需用到。如果计算机中没有安装数字证书就无法完成付款；已安装数字证书的用户，只需输密码即可。

但数字证书不可移动，对经常换计算机的用户来说不方便，而且数字证书有可能被盗取（虽然不是很容易，但是有可能），所以不是绝对安全。但因其成本低，使用方便，因此被众多银行所使用。

图 3-24 所示为支付宝交易中数字证书安装提示。

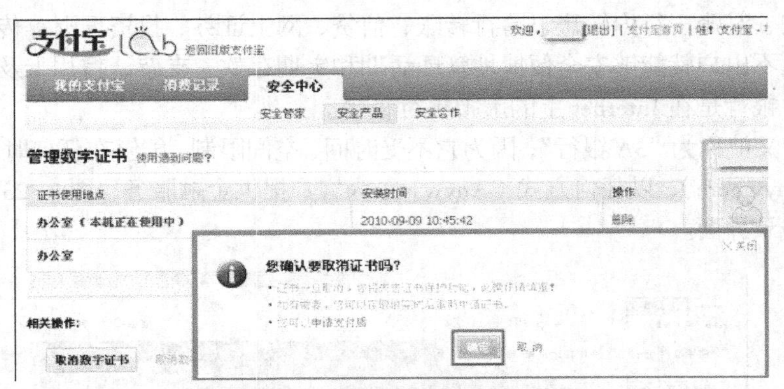

图 3-24　在支付宝交易中安装数字证书

4．什么是动态手机口令

当用户尝试进行网上交易时，银行会向用户的手机发送短信，如果用户能正确地输入收到的短信则可以成功付款，反之不能。

动态手机口令交易不需安装驱动，只需随身带手机即可，不怕偷窥，不怕木马。但必须随身带手机，不能停机（手机停机，无法付款），不能没电，不能丢失。而且有时运营商服务质量低，导致短信延迟收到，也影响交易的效率。

5．什么是 USB Key 证书

USB Key 证书也叫“移动数字证书”，工商银行的称为 U 盾，农业银行的称为 K 宝，建设银行的称为网银盾，光大银行的称为阳光网盾，在支付宝中的称为支付盾。

USB Key 证书就是一种 USB 接口形式的硬件设备，内置微型智能卡处理器，采用 1024 位非对称密钥算法对网上数据进行加密、解密和数字签名，确保网上交易的保密性、真实性、完整性和不可否认性。移动数字证书存放着个人的数字证书，并不可读取，同样，银行也记录个人的数字证书。图 3-25 所示为建设银行的 U 盾设备。

因成本问题和设置上的原因，USB Key 证书被个别银行采用，并且与数字证书共存使用，方便客户作为可选项。

现行网上银行一般都是通过上述“文件数字证书”“动态手机口令”及“移动数字证书”配合验证密码使用，保障网银交易的安全性。

从安全的角度考虑，移动数字证书具有最高的安全性。从便捷的角度考虑，家庭用户使用“文件数字证书”最方便，付款只需密码即可，而且也比较安全。

图 3-25　建设银行 U 盾设备

6．网上银行的安全意识

银行卡持有人的安全意识，是网上银行安全交易的重要因素。通常，银行卡的持有人安全意识普遍较弱：不注意密码保密，或将密码设为生日等易被猜测的数字。一旦卡号和密码被他人窃取或猜出，用户账户就可能在网上被盗用，从而造成损失，而银行技术手段对此却无能为力。因此一些银行规定：客户必须持合法证件到银行柜台签约，才能使用“网上银行”转账支付。

另一种情况是，客户在公用计算机上使用网上银行，会使数字证书等机密资料落入他人之手，从而使网上身份识别系统被攻破，网上账户被盗用。

【网络安全事件】了解网上银行诈骗事件

1．冒充银行，诈骗短信

“尊敬的用户，您的中行（网银）于次日失效，请登录 www.zocboc.com 进行维护，给您带来不便敬请谅解，中行 95566。”不少网友近日收到“银行”发来的短信通知，网友黄先生恰好是中行用户，在收到短信之后信以为真，于是根据提示在计算机上登录升级。

当提示输入用户名、密码、动态口令时，黄先生感到事有蹊跷，又仔细查看了短信，发现发送号码是手机号码，这才意识到这是一条冒充中行的诈骗短信。于是马上中断了所谓的网银升级，避免了重大经济损失。

短信诈骗大多是犯罪分子发送欺诈短信，以银行网银系统升级或动态口令牌过期更换为由，诱骗客户登录假冒银行网站和网银，随即盗取客户网银用户登录信息，并迅速窃取客户资金，如图 3-26 所示。

其实，各家银行发送短信的号码是固定的，如中国银行使用 95566 发送短信、招商银行使用 95555 发送短信，使用个人用户手机发送的短信肯定是不符合银行交易常规。

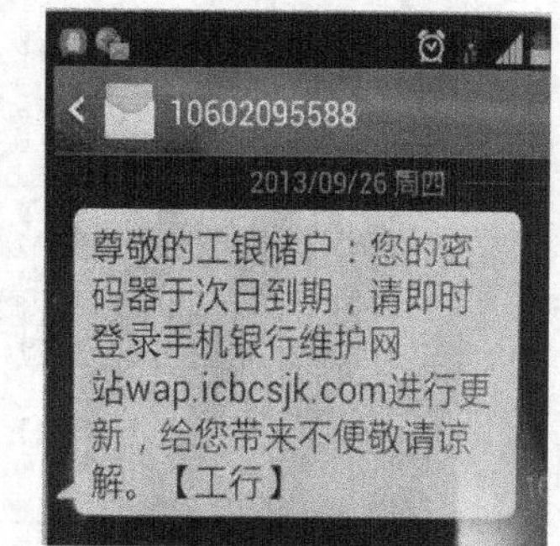

图 3-26　冒充工商银行的诈骗短信

这些案件中犯罪分子都是使用外地移动手机号发送诈骗信息，并非银行统一的客服号码，来自银行的客服通知一般会使用“955”开头的五位数号码发送。遇到此类诈骗短信，一定要冷静判断，不要盲目相信。如有疑问请先咨询银行客服中心。

正规的网上银行网址及标准的客户服务热线如下。

中国工商银行网上银行网址：http://www.icbc.com.cn/icbc/。客户服务热线：95588。
中国建设银行：http://www.ccb.com/cn/home/index.html。客户服务热线：95533。
中国农业银行：http://www.abchina.com/cn/。客户服务热线：95599。
中国银行：http://www.boc.cn/。客户服务热线：95566。
招商银行：http://www.cmbchina.com/。客户服务热线：95555。
中国民生银行：http://www.cmbc.com.cn/。客户服务热线：95568。
浦发银行：http://www.spdb.com.cn/chpage/c1/。客户服务热线：95528。
中信银行：http://bank.ecitic.com/。客户服务热线：95558。

2．钓鱼网站，窃取网银账户和密码

钓鱼网站是一种欺诈性的网站，利用伪造银行网站的方式，窃取用户银行账户，进而达到非法窃取用户资金的目的。

钓鱼网站的页面，往往使用正规网站的 LOGO、图表、新闻内容和链接，而且在布局和内容上与正规网站非常相似。目前，以“假冒中奖信息的钓鱼网站”“假冒购物网站的钓鱼网站”及“假冒银行网站”的名义，骗取用户资金的钓鱼网站占绝大多数。

目前，犯罪分子使用的“钓鱼网站”多是在正规官方网站的基础上，添加字母或修改后缀变成的，如中国银行的网银唯一登录网址是 www.boc.cn，假冒网站有：www.bocip.tk，www-bocsw.tkwww.bocbt.com，www.bocqg.com 等。

图 3-27 所示的是“山寨版”中国工商银行的欺骗网站。图 3-28 所示的是中国工商银行的官方网站。仔细观察会发现，虽然“山寨版”网站里面的栏目设置与官方正式网站一致，但所选的文章不尽相同，有些文章的标题甚至是一模一样，但所配图片却有出入。此外，两家网站的广告内容也大相径庭。

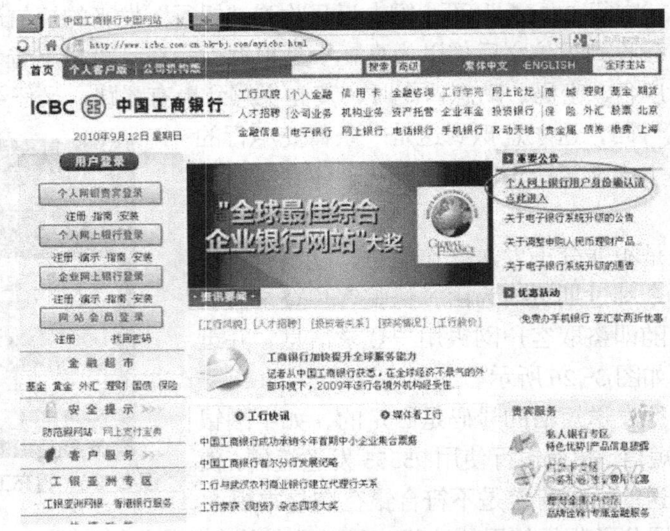

图 3-27 “山寨版”中国工商银行欺骗网站

“山寨版”中国工商银行网站的右上角“重要公告”栏目下，即为“个人网上银行用户身份确认，点此进入”，进入后，要求输入银行卡号和密码，并特别标注“注意：此次身份验证为预防性措施，收到邮件的客户，如果在 24 小时内，没有完成本次身份确认，我们将会冻结您的账户，以确保您的资金安全！”而在中国工商银行的正式官方网站上并未发现有类似提示信息。

图 3-28 中国工商银行正式官方网站

其实，防范钓鱼网站欺诈并不困难。用户在使用网上银行进行交易和办理业务时，最好直接输入中国工商银行的正式官方网站地址 www.icbc.com.cn，而不要采用搜索、链接等形式。

山寨的钓鱼网站网址与真正的银行官网网址相比有细微差别，客户须注意。切勿轻易将账户号码和密码输入，稍一疏忽，账户和密码就有可能被不法分子所掌握。所以网银用户进行网银操作时最好直接登录银行官方网站。

此外，任何国家机关部门、银行，都无权向公众索要账户和密码，而且银行绝对不会以“涉嫌洗钱冻结账户”“对被盗用账户进行保护”“对存款进行监控”等任何理由让用户把自己的钱转到某个“特殊”账户里，无论是通过网银、ATM 还是直接到营业厅的方式。用户只要仔细听听，马上就能识别真伪。

3．网上购物，遭遇木马诈骗，网银账户泄密

2012 年 12 月 6 日 18 时许，一名男子搀扶着一名哭哭啼啼的女子，急匆匆走进值班室报警。受害人黄女士声泪俱下，向值班民警诉说自己网购被诈骗 20 多万元的经过。

“2012 年 12 月 6 日 15 时 40 分，我在家上网购买一件 300 多元的衣服后，卖家以购物订单有问题，要求我按照他发来的链接进入，随即进行网上支付。我按照新链接上的提示照办后，网上显示我 300 多元支付成功。之后，我发现自己的网银账户上，已被人扣掉 231977 元现金……”

听受害人叙述后，值班民警立即展开了调查，点击受害人黄女士提供的骗子新链接的网址后，网页严重卡机，计算机安装的杀毒软件随即提示有木马入侵。

经民警调查，受害人付款时登录的是有病毒的网站，嫌疑人利用木马病毒，植入受害人的计算机，通过远程操作方式，在后台修改付款金额，将黄女士的付款金额改成 20 多万元，从而将银行账户里 20 多万元转走，如图 3-29 所示。

图 3-29 遭遇网上购物欺骗

接到报警后，公安侦查员们历尽艰辛，最终帮助受害人如数追回骗款。

此外，还有一种上当率极高的网银诈骗方法。

首先，犯罪分子利用“网络吸血鬼”工具软件，制造出一个与银行网页一模一样的网页，然后在网上出售物品，当用户选购物品准备交易时，对方会“好心”询问用户有哪家银行的网银，然后假银行网页直接发送至给用户，用户觉得挺方便，就直接点击了。

打开之后，用户未发现网页的异常，直接输入账户、密码等信息，这时就已经上当了。

网络安全专家分析认为，网友可能是误入了卖家设置的“钓鱼网站”陷阱，这类钓鱼网站在外观和支付流程上和真正的官方网站是一样的，普通用户很难分辨，经常是在“被钓鱼”后才能发现。

安全专家建议网购者学会以下几招。

第一招，首先要有安全意识，要给计算机安装 360 等安全软件，如 360 网购保镖。

第二招，学会“察眼观色”，对别人发来的网址要确认，看是否是钓鱼网站。

第三招，认准安全标志，现在各大安全网站都有标志，如淘宝支付网址前有个三角号里面是一个“支”字。

第四招，选择正规渠道，从官方渠道下载和支付有关的 APP，不安装来路不明的 APP。

第五招，保证网络安全，最好使用有密码保护的 Wi-Fi，防止黑客破解，盗取账户。

【任务实施】设置系统启动密码

保护计算机账户密码有“系统用户密码”“系统启动密码”和“BIOS 密码”3 种类型。在这 3 种密码保护中，“系统启动密码”的安全性更高。

微软的 Windows 操作系统除可以通过“控制面板”的“用户账户”选择，设置“用户密码”确保系统安全外，还提供一个更安全有效的“系统启动密码”。

“系统启动密码”在开机时，先于“用户密码”显示，而且还可以生成钥匙盘。

设置完成常用“系统用户密码”后，如果再设置“系统启动密码”，可以实现双重保护，保障本机系统更加安全。

在 Windows 系统中设置“系统启动密码”的方法如下。

（1）启动“系统启动密码”操作

依次打开 Windows 操作系统“开始”菜单中“运行”对话框，在“运行”对话框中输入启动“系统启动密码”命令：syskey，如图 3-30 所示。

按【回车】键后，弹出“保证 Windows XP 账户数据库的安全”对话框，如图 3-31 所示。

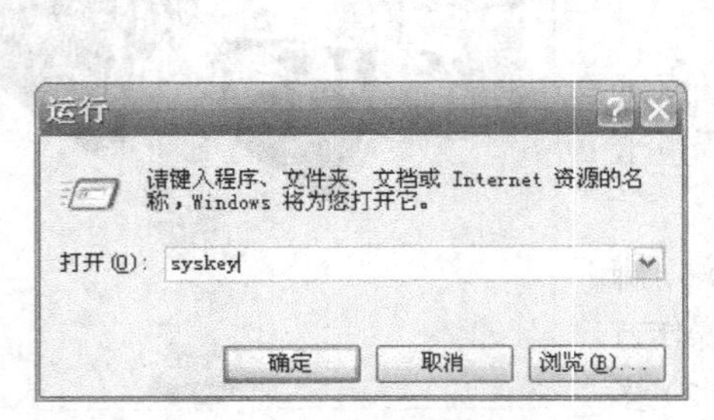

图 3-30 启动“系统启动密码”操作

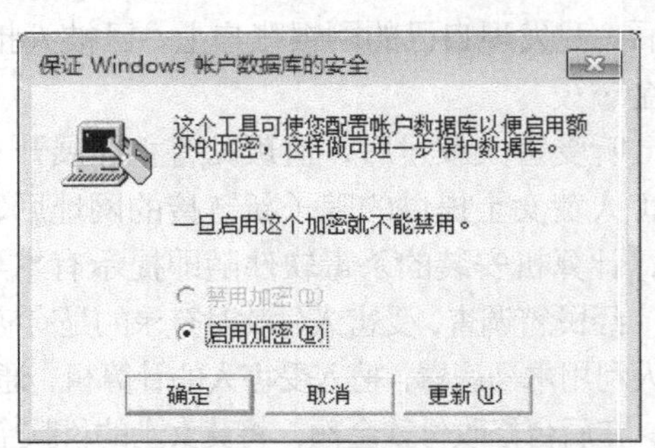

图 3-31 启动系统加密操作

（2）设置“系统启动密码”

在打开的“保护Windows账户数据库的安全”对话框中，单击右下方的“更新”按钮，弹出“启动密钥”对话框，如图3-32所示。

选中打开的“启动密钥”对话框上方的“密码启动”单选项，在系统启动时需要键入密码的“密码”文本框中，输入密码即可，确认后，按下方“确定”按钮即可。

再次重新启动Windows系统后，系统提示要求输入系统启动密码，只有输入正确的系统启动密码后，才会显示用户账户登录画面，如图3-33所示。

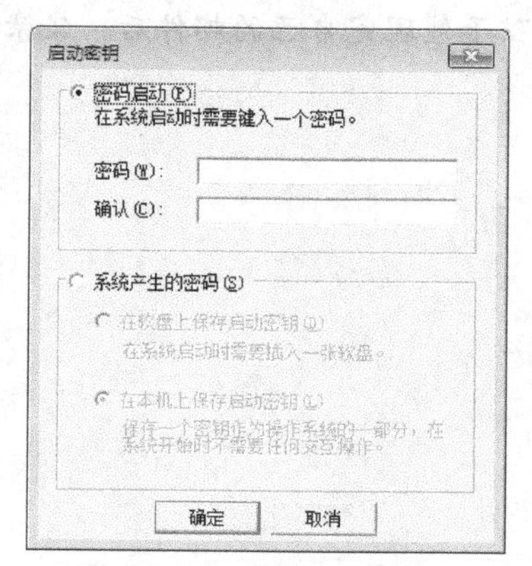

图3-32　启动密钥

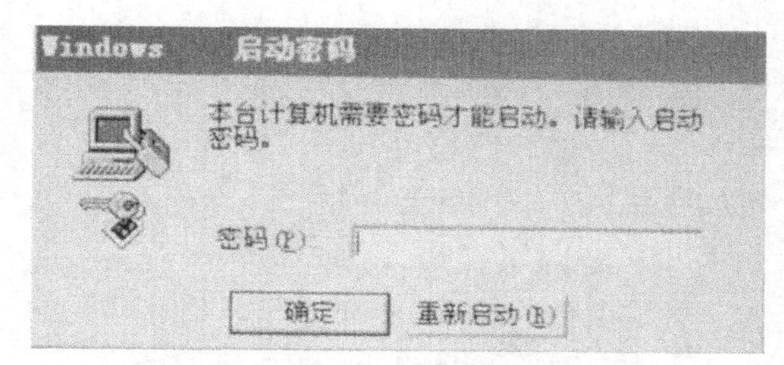

图3-33　Windows系统启动密码

（3）取消系统启动密码

要想取消设置完成的“系统启动密码”，同上操作，打开“启动密钥”对话框。

在打开的“启动密钥”对话框中，选中“系统产生的密码”单选框，再选中“在本机上保存启动密钥”单选框即可，这样，就在本机上自动保存系统启动密码。

该操作将“系统启动密码”保存在系统中，也就是说密码被默认存档到系统指定的位置。每次开机的时候，操作系统会自已寻找钥匙，验证密码，打开账户，就不会出现图3-33所示的“启动密码”登录窗口。

即使由于外部黑客入侵了计算机的SAM数据库，也无法打开获取账户信息。

小提示1：制作开机密钥盘

在图3-35所示“启动密钥”对话框中，还可以看到一个选项是：“在软盘上保存启动密钥。但现在已经很少使用软盘，可以保存在U盘。存储有系统密钥的U盘，就好像是一台计算机的钥匙，开机的时候必须插上U盘才能启动。

小提示2：双重密码保护，双重安全

设置完成系统启动密码后，会在用户账户登录界面之前显示系统启动密码登录。

只有输入正确的系统启动密码后，才会进入用户账户登录界面，用户才能输入“用户名”和“登录密码”，打开计算机系统。这样一来，就为计算机系统设置了二重密码保护，更加安全。

小提示3：账户注销的作用

Windows中的“账户注销”到底有什么用？这个问题在单用户操作系统中并不是很突出，但在多用户操作系统中就很重要。当一个用户注销后，该用户的所有程序都将会自动关闭，不过系统仍然在运行中，所有后台服务都不会受到影响。同时该用户或者其他用户可以用自己的账户重新登录系统。而关机后，操作系统的进程都将关闭。需要重新开机才能继续使用。

举个例子来说，假设父亲正在计算机上下载软件，但孩子突然有一封重要的邮件要收，这时该如何操作？有两种方式。一种是父亲先保存自己的文件，注销账户，然后让孩子使用自己的账户登录，收邮件，然后注销自己的账户，让父亲重新登录。

另外一种是父亲可以不用关闭自己的程序，只要在开始菜单中单击“注销”按钮，然后单击“切换用户”，返回到欢迎屏幕。之后孩子就可以使用自己的账户登录，并开始收邮件。而在这一过程中，父亲的软件的下载仍正在后台运行。待孩子处理完自己的邮件后，父亲就可以重新返回到自己的桌面上，继续之前未完成的工作。

PART 4

项目4 修复网络系统漏洞

核心技术

- 使用360防火墙修补系统漏洞

学习目标

- 了解网络漏洞的基础知识
- 熟悉Windows系统漏洞
- 熟悉Windows系统漏洞修补方案
- 掌握网络漏洞的一般防护基础知识

目前，互联网上的病毒越来越猖狂，对用户的危害也愈演愈烈，大家要懂得保护自己的电脑不受侵犯，隐私不被盗取。而日常应用中，计算机病毒造成网络攻击是最为常见的危害。感染了病毒的计算机攻击网络漏洞，逐渐成为现今网络上最可怕的安全威胁。

引发网络攻击的原因很多，其中一个最重要的原因就是:在计算机中存着大大小小、花样百出的漏洞，它们很容易被人利用来进行网络的攻击。

2003年，由《资源》杂志评选出危害最大，包括冲击波、恶邮差在内的10种病毒，均是利用网络的漏洞进行攻击。从技术上讲，很难彻底清除这些漏洞，也无法杜绝发生在网络中各种各样的攻击行为。但可以通过对网络漏洞的分析，找出有效的防护措施，保障网络安全，减少网络漏洞带来的危害。

那么漏洞究竟是什么呢？究竟有哪些漏洞，利用它们进行攻击的原理是什么？如何才能消除其危害？下面将就这些问题进行讨论。

4.1 什么是网络漏洞

1．什么是网络安全漏洞

网络漏洞的定义是：在计算机网络系统中、对系统和数据造成损害的一切因素。

网络安全漏洞是在硬件、软件、协议的具体实现或系统安全策略上存在的缺陷，从而使攻击者能够在未授权的情况下访问或破坏系统。

从访问控制的角度出发，认为当对系统的各种操作与系统的安全策略发生冲突时，就产生了安全漏洞。

打个比喻：操作系统是一栋房子，漏洞就是房子破了的地方，病毒就是老鼠、蟑螂等坏东西。网络中的病毒是人为的一些具有恶意破坏性的软件；而漏洞就是系统的不足的地方，是一种系统缺陷，如图 4-1 所示。

图 4-1　系统漏洞

2．网络安全漏洞攻击事件

许多网络系统都有这样那样的安全漏洞（Bug）。其中，一些是操作系统或应用软件本身就具有，如缓冲区溢出攻击。

由于非常多的操作系统，一般都不检查程序和缓冲之间变化的情况，就接受任意长度的数据输入，把溢出的数据放在堆栈里，系统正常执行命令。这样，攻击者只要发送超出缓冲区所能处理的长度的指令，系统便进入不稳定状态，如图 4-2 所示。

高危漏洞(10) - 这些漏洞可能会被木马、病毒利用，破坏您的电脑，请立即修复。

重要	KB979559	Windows内核模式驱动中可能允许特权提升…	2010-06-07	未修复
严重	KB975562	多媒体解码中可能允许远程代码执行的漏洞	2010-06-07	未修复
严重	KB980195	ActiveX Kill Bits的累积安全更新	2010-06-07	未修复
严重	KB979482	多媒体解码中可能允许远程代码执行的漏洞	2010-06-07	未修复
重要	KB980218	OpenType压缩字库格式（CFF）驱动中可…	2010-06-07	未修复
严重	KB982381	Internet Explorer的累积安全更新	2010-06-08	未修复
重要	KB982133	Microsoft Office Excel 可能允许远程代码执…	2010-06-08	未修复
重要	KB982157	Microsoft Office COM验证可能允许远程代…	2010-06-08	未修复
重要	KB982134	Microsoft Office的COM验证中可能允许远程…	2010-06-08	未修复
严重	KB360000	微软帮助和支持中心的漏洞允许挂马和远程…	2010-06-10	未修复

图 4-2　系统堆栈里的漏洞

若攻击者特别设置一串准备用作攻击的字符，便能访问根目录，从而拥有对整个网络系统的绝对控制权。

另一些主要是利用协议漏洞进行网络攻击，如攻击者利用邮件接收 POP3 协议实施的攻击。首先，攻击者在根目录下运行的 POP3 邮件接收协议，发动漏洞攻击，破坏系统的根目录，从而获得终极用户的权限。

此外，如网络测试 ICMP 协议，也经常被用于发动拒绝服务攻击。具体的手法就是向目的服务器发送大量的 ICMP 测试数据包，几乎充满该服务器所有的网络宽带，从而使网络无法对正常的服务请求进行处理，而导致网站无法进入，网站响应速度大大降低或服务器瘫痪。

常见的蠕虫病毒或其同类的病毒，都能对服务器进行拒绝服务攻击的进攻，这些蠕虫病毒的繁殖能力极强，一般通过 Microsoft 的 Outlook 软件，向众多邮箱发出带有病毒的邮件，而使邮件服务器无法承担如此庞大的数据处理量而瘫痪。

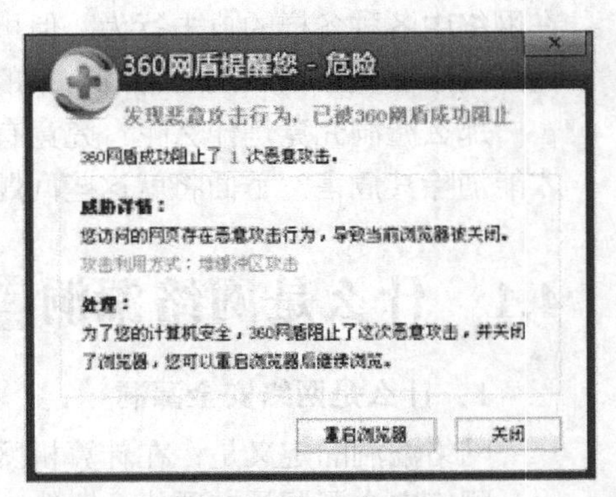

图 4-3　360 工具软件检测

图 4-3 所示的场景是 360 工具软件检测到来自网络中的攻击。

4.2　网络漏洞的危害

漏洞主要是在系统设计中出现的软件错误所致，造成信息完整性、可获得性和保密性受损。网络漏洞还可能是恶意用户或自动恶意代码故意为之，在重要的系统或网络中，单个漏洞可能会严重破坏整个组织机构的安全。

美国国防部对“漏洞”一词的描述是：易受攻击性；“利用信息安全系统设计、程序、实施或内部控制中的弱点，不经授权获得信息或进入信息系统。”这里的关键词是“弱点”，任何系统或网络中的弱点都是可以预防的。

如文件传输协议（FTP）主要用于客户机和服务器之间，建立文件上传和下载的链接。传统的 FTP 程序不能提供数据加密功能，如果用户认证级别很低，在文件传输的过程中，就相对容易被窃取未加密数据。

FTP 的默认端口是 21、22，如果该端口正在运行的话，来自网络外部的攻击，就能利用该端口对网络中的服务器进行快速漏洞检查，就能发现潜在问题。

由于用户认证系统功能不强，黑客如果能诱骗系统，伪装成 FTP 服务器的合法用户，就能攻入系统，系统管理员在开启 FTP 服务器、运行 FTP 服务时，就为黑客留下可利用的后门，如图 4-4 所示。

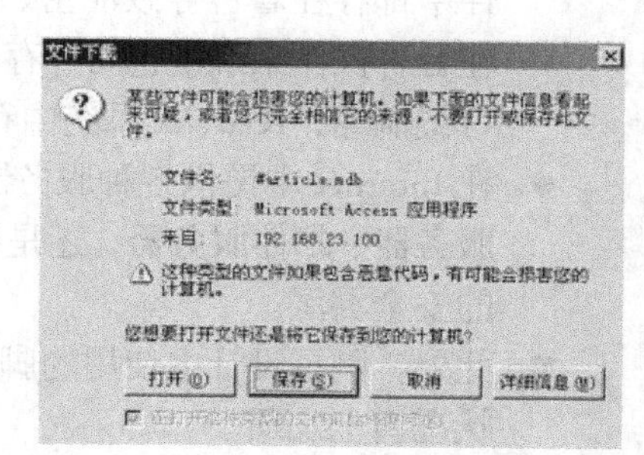

图 4-4　伪装成 FTP 服务器的黑客入侵

4.3　网络漏洞的类型

网络中的漏洞的种类数不胜数，人们根据其产生的原因、存在的位置和利用漏洞攻击的原理来进行分类，分类情况如表 4-1 所示。

表 4-1　网络漏洞分类

漏洞产生的原因	故意	恶意
		非恶意
	无意	
漏洞存在位置	软件	应用软件漏洞
		系统漏洞
		服务器漏洞
	硬件	
漏洞攻击原理	拒绝服务	
	缓冲区溢出	
	欺骗攻击	
	后门攻击	
	程序错误	

大部分网络漏洞，都是由于设计人员或程序员的疏忽或失误，以及对网络环境的不熟悉造成。在进行设计和开发时，许多设计人员不重视网络的安全情况，也不完全了解程序内部工作机制，致使程序不能适应所有的网络环境，造成网络功能与安全策略发生冲突，最终导致漏洞的产生。

另有一部分漏洞，则是网络用户刻意为之。网络管理员为了更好地监管和控制网络，往往预留秘密通道，以保证对网络的绝对控制。而部分网络用户或黑客也许会出于好奇，而在网络中秘密种下木马、逻辑炸弹或是陷阱门。

网络中的漏洞可以存在于硬件和软件中，但更多还是以软件漏洞的形式存在。无论是网络应用软件，还是单机版本的应用软件，都广泛隐藏有漏洞。

- 如聊天软件 QQ，文件传输软件 FlashFXP、CuteFTP，浏览器软件 IE 等，这些应用软件中都存在着可导致泄密、招致网络攻击的漏洞。
- 在各种操作系统中也同样存在漏洞，如：Windows 系统中存在 RPC 远程任意代码执行漏洞等；RedHat 系统中存在可通过远程溢出，获得 root 权限漏洞等。
- 在 Internet 中提供各种服务器中，漏洞存在情况更是严重：无论是 Web 服务器、FTP 服务器、邮件服务器，还是数据库服务器和流媒体服务器，都存在着可导致网络攻击的安全漏洞。
- 此外，网页设计中使用的脚本语言的设计缺陷和使用不规范，更是令 Internet 的安全状况雪上加霜。

4.4 Windows 系统漏洞介绍

系统漏洞主要是指用户计算机上 Windows 操作系统在逻辑设计上的缺陷或在编写时产生的错误。这个缺陷或错误，被不法者或者黑客利用，通过植入木马、病毒等方式来攻击或控制计算机，从而窃取用户计算机中的重要资料、信息，并破坏用户的系统。

微软的 Windows 操作系统从发布的那一天起，随着用户的深入使用，系统中存在的漏洞便被不断暴露出来，如图 4-5 所示。这些早先被发现的漏洞，也会不断被系统供应商微软公司发布的补丁软件修补，或在以后发布的新版系统中得以纠正。

高危漏洞(10) - 这些漏洞可能会被木马、病毒利用，破坏您的电脑，请立即修复。

重要	KB979559	Windows内核模式驱动中可能允许特权提升...	2010-06-07	未修复
严重	KB975562	多媒体解码中可能允许远程代码执行的漏洞	2010-06-07	未修复
严重	KB980195	ActiveX Kill Bits的累积安全更新	2010-06-07	未修复
严重	KB979482	多媒体解码中可能允许远程代码执行的漏洞	2010-06-07	未修复
重要	KB980218	OpenType压缩字库格式（CFF）驱动中可...	2010-06-07	未修复
严重	KB982381	Internet Explorer的累积安全更新	2010-06-08	未修复
重要	KB982133	Microsoft Office Excel 可能允许远程代码执...	2010-06-08	未修复
重要	KB982157	Microsoft Office COM验证可能允许远程代...	2010-06-08	未修复
重要	KB982134	Microsoft Office的COM验证中可能允许远程...	2010-06-08	未修复
严重	KB360000	微软帮助和支持中心的漏洞允许挂马和远程...	2010-06-10	未修复

功能性更新补丁(16) - 这些补丁用于更新系统或软件的功能，建议您根据需要选择性进行安装。

图 4-5 Windows 的漏洞

而在新版系统纠正了旧版本中具有漏洞的同时，也会引入一些新的漏洞和错误。如以前发生过的鼠标漏洞，就是由于利用了 Windows 系统对鼠标图标处理的缺陷，开发木马的黑客制造畸形图标文件，从而使系统产生了溢出，木马就可以在用户毫不知情的情况下，执行恶意代码侵入用户的操作系统。

● IIS 服务器漏洞

微软的 IIS 服务器存在缓存溢出漏洞，它难以合适地过滤客户端请求，执行应用脚本的能力较差。

部分问题可以通过已发布补丁解决，但每次 IIS 的新版本发布都带来新漏洞。

● MDAC 漏洞

微软数据访问部件的远程数据服务单元有一个编码错误，远程访问用户有可能通过这一漏洞获得远程管理的权限，并有可能使数据库遭到外部匿名攻击，如图 4-6 所示。

● NETBIOS/Windows 网络共享漏洞

Windows 网络共享服务由于使用了服务器信息块（SMB）协议或通用互联网文件系统（CIFS），使远程用户可以访问本地文件，但也向攻击者开放了系统。

肆虐一时的 Sircam 和 Nimda 蠕虫病毒，都利用这一漏洞进行攻击和传播，因此用户对此绝对不能掉以轻心。

修复方法是：限制文件的访问共享，并指定特定 IP 的访问限制以避免域名指向欺骗。关闭不必要的文件服务，取消这一特性并关闭相应端口。

● IE 浏览器漏洞

对于 IE 浏览器的用户，有以下几个方面的威胁：ActiveX 控件、脚本漏洞 、MIME 类型和内容的误用及缓存区溢出，如图 4-7 所示。

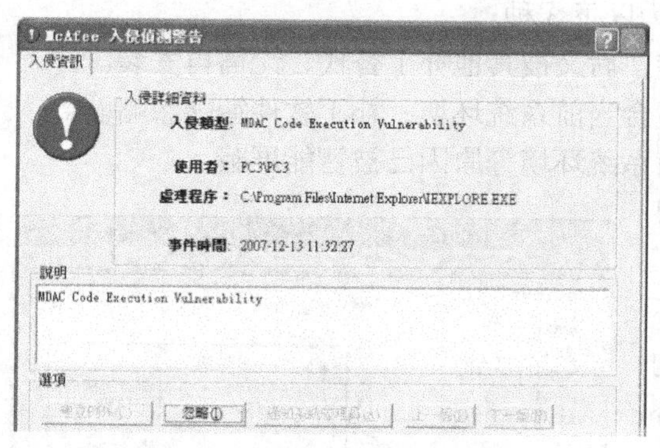

图 4-6　MDAC 漏洞被攻击

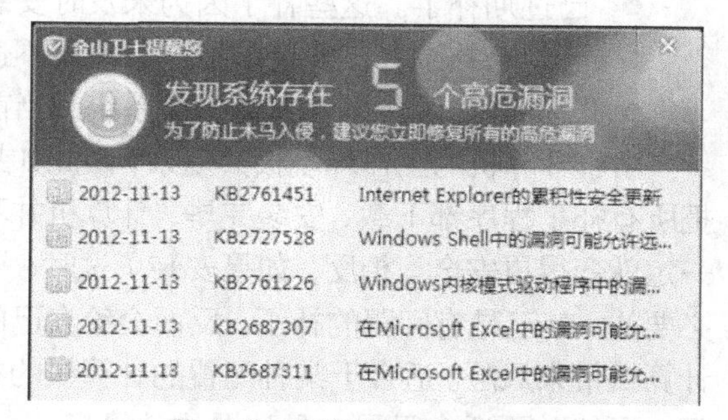

图 4-7　IE 浏览器中的漏洞

Cookies 风险和其他本地文件有可能被利用，威胁系统安全，恶意代码有可能乘虚而入安装并运行。甚至有的恶意代码可以执行删除和格式化硬盘的命令，修复方法是升级并安装补丁文件。

4.5　Windows 系统漏洞修补方案

系统软件的设计人员在编写程序不可能十全十美，所以软件也避免不了会出现这样问题或那样的漏洞，这些问题或漏洞也俗称为“BUG”。对于微软开发的操作系统这样大型系统软件，在使用过程中暴露的漏洞问题，可通过打补丁方式进行纠正和弥补。

补丁是专门用来修复这些 BUG 而开发的修补程序。补丁原指衣服、被褥上为遮掩破洞而钉补上的小布块，现在也指大型软件系统在使用过程中暴露出问题之后，系统设计人员开发的弥补小程序，使软件完善，如图 4-8 所示。

	补丁号	重要性	文件大小	补丁文件	运行环境
0001	KB2115168	重要补丁	0.53MB	WindowsXP-KB2115168-x86-CHS.exe	WinXP (32位)
0002	KB2229593	重要补丁	0.71MB	WindowsXP-KB2229593-x86-CHS.exe	WinXP (32位)
0003	KB2296011	重要补丁	1.04MB	WindowsXP-KB2296011-x86-CHS.exe	WinXP (32位)
0004	KB2345886	重要补丁	0.68MB	WindowsXP-KB2345886-x86-CHS.exe	WinXP (32位)
0005	KB2347290	重要补丁	0.49MB	WindowsXP-KB2347290-x86-CHS.exe	WinXP (32位)
0006	KB2360937	重要补丁	0.76MB	WindowsXP-KB2360937-x86-CHS.exe	WinXP (32位)
0007	KB2387149	重要补丁	1.38MB	WindowsXP-KB2387149-x86-CHS.exe	WinXP (32位)
0008	KB2419632	重要补丁	0.99MB	WindowsXP-KB2419632-x86-CHS.exe	WinXP (32位)
0009	KB2423089	重要补丁	0.49MB	WindowsXP-KB2423089-x86-CHS.exe	WinXP (32位)
0010	KB2440591	重要补丁	0.49MB	WindowsXP-KB2440591-x86-CHS.exe	WinXP (32位)
0011	KB2443105	重要补丁	0.5MB	WindowsXP-KB2443105-x86-CHS.exe	WinXP (32位)
0012	KB2478960	重要补丁	0.79MB	WindowsXP-KB2478960-x86-CHS.exe	WinXP (32位)
0013	KB2478971	重要补丁	0.61MB	WindowsXP-KB2478971-x86-CHS.exe	WinXP (32位)
0014	KB2479943	重要补丁	0.65MB	WindowsXP-KB2479943-x86-CHS.exe	WinXP (32位)

图 4-8　Windows 系统漏洞补丁

补丁是对计算机安全漏洞做的升级程序，一般都是为了应对计算机中存在的漏洞，优化计算机性能。补丁程序一般都可以通过访问软件的官方网站下载。

常见系统补丁，尤其是 Windows 操作系统补丁，按其影响可分为以下几种。

（1）“高危漏洞”的补丁，这些漏洞可能会被木马、病毒利用，应立即修复。

（2）软件安全更新补丁，用于修复一些流行软件严重安全漏洞，建议立即修复。

（3）可选高危漏洞补丁，这些补丁安装后，可能引起计算机和软件无法正常使用，应谨慎选择。

（4）其他及功能性更新补丁，主要更新系统或软件功能，可根据需要选择性进行安装。

（5）无效补丁，根据失效原因不同又可分为以下 3 种。

- 已过期补丁。这些补丁因为未及时安装，后又被其他补丁替代，无需再安装。
- 已忽略补丁。在安装前检查，发现不适合当前系统环境，补丁软件智能忽略。
- 已屏蔽补丁。因不支持操作系统或当前系统环境等原因已被智能屏蔽。

由于计算机的工作环境极其复杂，因此如果把所有补丁程序都下载、安装完毕，计算机并不一定就变得更安全。相反，如果安装了过时、不必要的，甚至是有问题的补丁，反而会给自己的计算机带来风险。适合于某种配置的计算机的补丁，可能并不适合于另一种配置的计算机。

另外，同一种编号补丁可能会出现多种版本，不同版本补丁可能会适用于不同配置计算机，使用正版 Windows 微软用户建议使用 Windows Update，如图 4-9 所示。

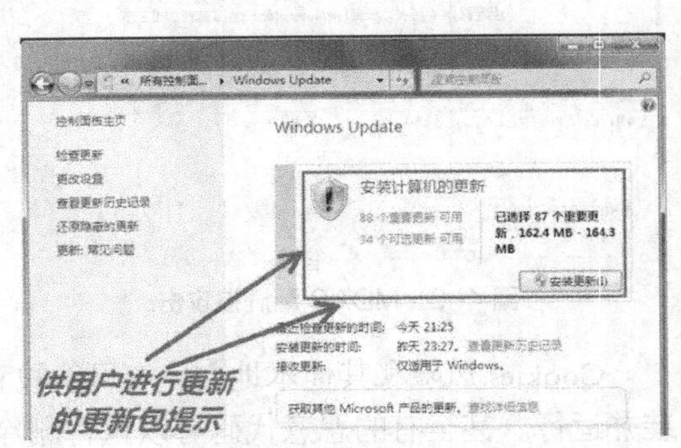

图 4-9　Windows Update

4.6　Windows 系统漏洞修补工具

1. 什么是 Windows Update 更新程序

Windows Update 是微软提供的一种自动更新工具，提供漏洞修补、驱动等软件升级。

Windows Update 自动更新程序能够方便用户检测和安装修补程序，通过它来更新用户系统，扩展系统的功能，让系统支持更多的软硬件，解决各种兼容性问题，让系统更安全、更稳定。

Windows 更新比较快，通常每周或每月发布一次。但是，如果出现严重安全威胁，如影响基于 Windows 操作系统的计算机的、广泛传播的病毒，Microsoft 则会在第一时间发布相应的更新程序。

出于系统安全考虑，只要安装了杀毒软件和个人防火墙并且经常升级，出现系统安全漏洞问题的机会将会下降很多。

2．如何打开启动 Windows Update 更新程序

打开 Windows 操作系统的"开始"→"所有程序"→"Windows Update"菜单，也可以单击桌面"计算机"，右键选择"属性"，单击左下角的"Windows Update"，打开图 4-10 中所示的 Windows Update 窗口界面。

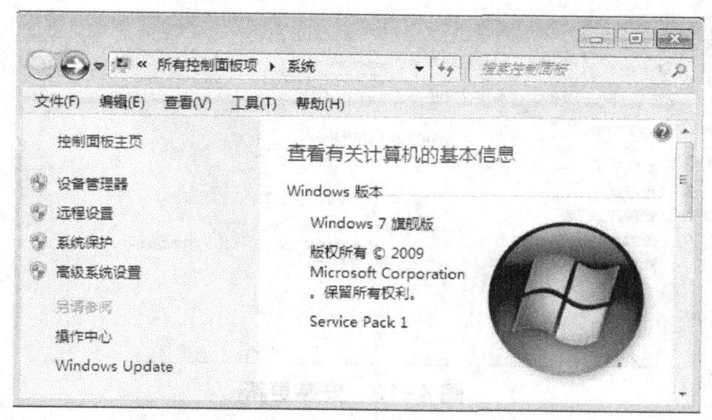

图 4-10 Windows Update 界面

在系统窗口中，选择"Windows Update"程序，打开"Windows Update"窗口。

接下来，单击"检查更新"，如图 4-11 所示，可以开启系统自动更新过程。

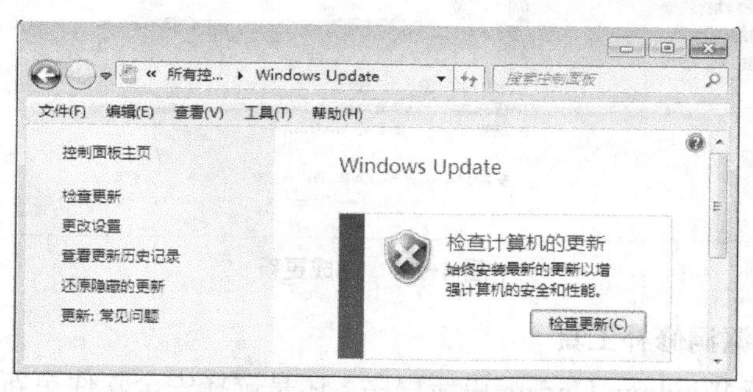

图 4-11 Windows Update 检查更新

3．如何使用 Windows Update 更新系统补丁

启动系统的"检查更新"后，系统自动检测 Windows Update 程序。如果是第一次使用，需要安装最新版本的 Windows Update，选择右下角的"现在安装"按钮即可，如图 4-12 所示。

系统在自动检测安装更新过程完成后，可以通过查看检查出哪些"重要更新""可选更新"。一般只更新"重要更新"即可，查看完重要更新后，单击"确定"返回到"Windows Update"单击"安装更新"，如图 4-13 所示。

更新安装完成后，直接"立即重新启动"。系统启动完成后，查看更新结果"没有重要更新可用"，系统就已完成更新。

如果出现还有重要更新，单击安装更新，以完成更新，如图 4-14 所示。

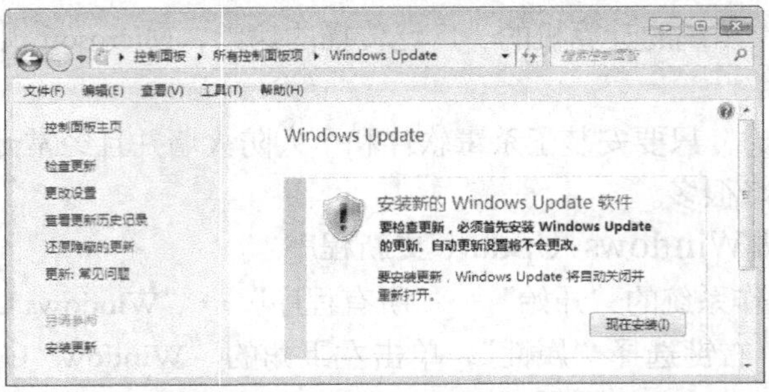

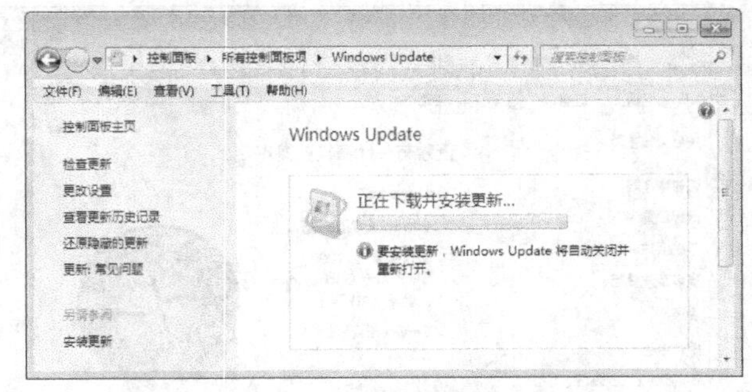

图 4-12 安装新的 Windows Update

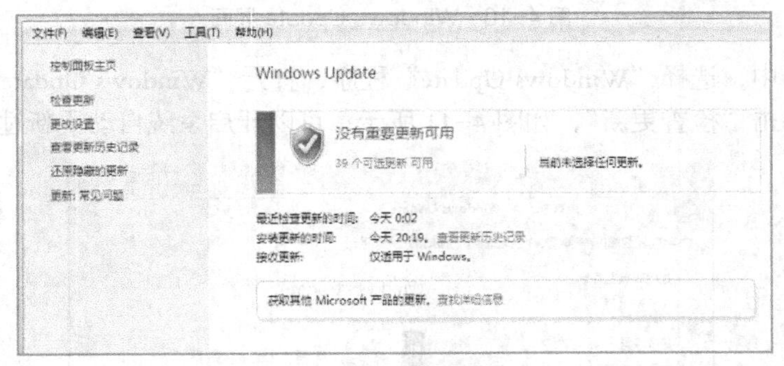

图 4-13 安装更新

图 4-14 完成更新

4．第三方安全漏洞修补工具

不论是选择系统 Windows Update 更新程序，还是选择安全软件更新工具，目的只是为了系统更安全，系统功能更完善。

其他第三方安全漏洞修补工具，主要有 360 卫士、卡巴斯基、瑞星等，如图 4-15 所示。

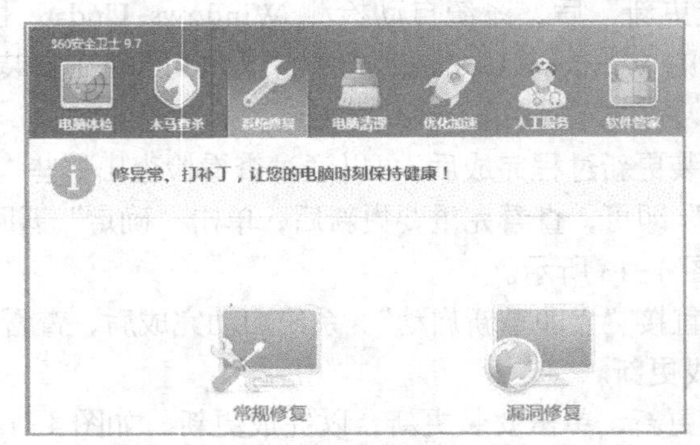

图 4-15 360 安全卫士

4.7 防范网页恶意代码

1．什么是恶意代码

所谓恶意代码（Unwanted Code）是指没有作用却会带来危险的代码。恶意代码是故意编制或设置的、对网络或系统会产生威胁或潜在威胁的计算机代码。

最常见的恶意代码有计算机病毒（简称病毒）、特洛伊木马（简称木马）、计算机蠕虫（简称蠕虫）、后门、逻辑炸弹等。所有的恶意代码都具有以下的共同特征。

（1）恶意的目的。

（2）本身是计算机程序。

（3）通过执行发生作用。

2．网页恶意代码介绍

网页恶意代码是一段 HTML 语言代码，它在不被察觉的情况下嵌入到正常的网页 HTML 程序中，从而达到破坏被感染计算机数据、运行具有入侵性或破坏性的程序的目的。

目前，网页恶意代码已开始威胁到网络系统安全，一般分为以下几种。

（1）消耗系统资源。

（2）非法向用户硬盘写入文件。

（3）利用 IE 漏洞、网页可以读取客户机的文件，就可以从中获得用户账户和密码。

（4）利用邮件非法安装木马。

3．保障浏览器的安全

要避免被网页恶意代码感染，关键是不要轻易去一些自己并不十分熟知的站点，尤其是一些看上去非常美丽诱人的网址，更不要轻易进入，否则往往不经易间就会误入网页恶意代码的圈套。

为了保护计算机及网络安全，防范网页恶意代码保障 IE 安全的主要措施有以下几个。

首先，运行 IE 时，单击“工具”→“Internet 选项”→“安全”→“Internet 区域的安全级别”，把安全级别由“中”改为“高”，如图 4-16 所示。

网页恶意代码主要是含有恶意代码的 ActiveX 或 Applet、JavaScript 的网页文件，所以在 IE 设置中，将 ActiveX 插件和控件、Java 脚本等全部“禁止”，就可以减少被网页恶意代码感染的几率。

在 IE 窗口中单击“工具”→“Internet 选项”，在弹出的对话框中选择“安全”标签，再单击“自定义级别”按钮，就会弹出“安全设置”对话框，把其中所有 ActiveX 插件和控件，以及与 Java 相关全部选项，选择“禁用”，如图 4-17 所示。

此外，网页恶意代码大多是在访问网站时候被误下载和激活，所以不要进入一些不信任的陌生网站。

对于网页上的各种超级链接不要盲目去点击，若被强制安装恶意代码，一经发现，立即删除；或者安装相应的恶意代码清除工具或防火墙软件。

4．防止网页恶意代码措施

以上方法，只能起到预防网页恶意代码的伤害的作用，针对已经被恶意网页代码侵入的用户，可以通过修改注册表的方式，避免恶意网页代码的干扰和破坏。

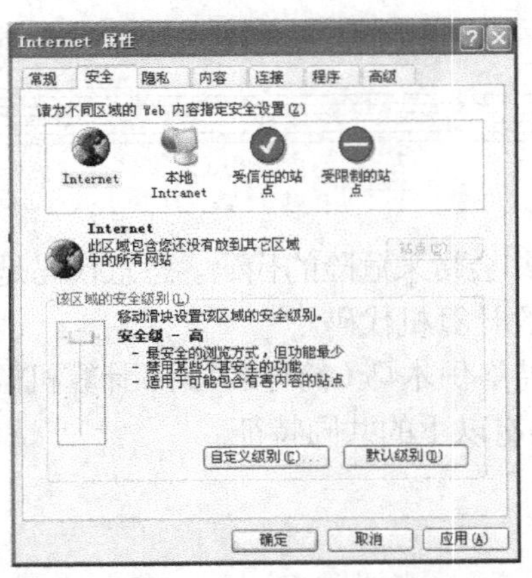

图 4-16 设置 Internet 区域安全级别

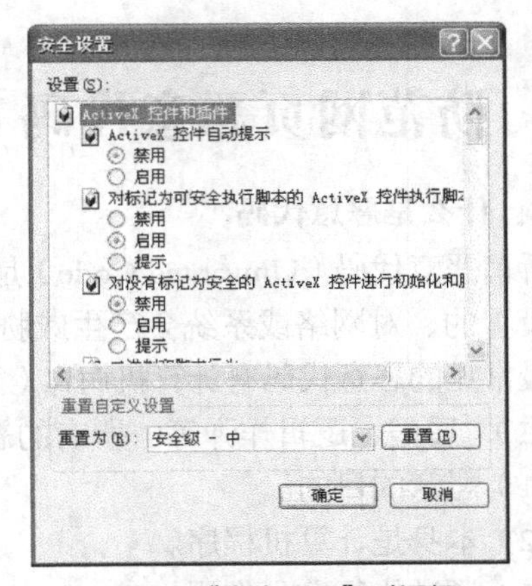

图 4-17 “安全设置”对话框

(1) 默认主页被修改。

- 破坏特性：默认主页被自动改为某网站的网址。
- 表现形式：浏览器的默认主页被自动设为如********.COM 的网址。
- 危害程度：一般。
- 清除方法：采用手动修改注册表法。

打开操作系统的“开始”菜单→“运行”，打开运行对话框。

在该对话框中输入“regedit”命令，打开注册表编辑工具。然后，按顺序依次打开：

HKEY_LOCAL_USER\Software\Microsoft\Internet Explorer\Main，找到“Default_Page_URL 键值名”（用来设置默认主页），在右窗口中，单击右键进行修改即可。按【F5】键刷新即可生效完成。

(2) 默认首页被修改。

- 破坏特性：默认首页被自动改为某网站的网址。
- 表现形式：浏览器的默认主页被自动设为如********.COM 的网址。
- 危害程度：一般。
- 清除方法：采用手动修改注册表法。

打开操作系统的“开始”菜单→“运行”，打开运行对话框。

在该对话框中输入“regedit”命令，打开注册表编辑工具。然后，按顺序依次打开：

HKEY_LOCAL_USER\Software\Microsoft\Internet Explorer\Main 分支，找到“StartPage 键值名”（用来设置默认首页），在右窗口单击右键，进行修改即可。按【F5】键刷新生效。

(3) 默认的微软主页被修改。

- 破坏特性：默认微软主页被自动改为某网站的网址。
- 表现形式：默认微软主页被篡改。
- 危害程度：一般。
- 清除方法：采用手动修改注册表法。

打开操作系统的“开始”菜单→“运行”，打开运行对话框。

在该对话框中输入“regedit”命令，打开注册表编辑工具。然后，按顺序依次打开：

HKEY_LOCAL_MACHINE\Software\Microsoft\InternetExplorer\Main 分支，找到“Default_Page_URL 键值名”（用来设置默认微软主页），在右窗口单击右键，将键值修改，按【F5】键

刷新生效。

（4）主页设置被屏蔽锁定。

- 破坏特性：主页设置被禁用。
- 表现形式：主页地址栏变灰色被屏蔽。
- 危害程度：一般。
- 清除方法：采用手动修改注册表法。

打开操作系统的“开始”菜单→“运行”，打开运行对话框。

在该对话框中输入“regedit”命令，打开注册表编辑工具。然后，按顺序依次打开：

HKEY_CURRENT_USER\Software\Microsoft\InternetExplorer\分支，需要在右窗口新建“ControlPanel”主键。

然后在此主键下，新建键值名为“HomePage”的DWORD值，值为“00000000”，按【F5】键刷新生效。

（5）搜索引擎被修改。

- 破坏特性：将IE的默认微软搜索引擎更改。
- 表现形式：搜索引擎被篡改。
- 危害程度：一般。
- 清除方法：采用手动修改注册表法。

打开操作系统的“开始”菜单→“运行”，打开运行对话框。

在该对话框中输入“regedit”命令，打开注册表编辑工具。然后，按顺序依次打开：

HKEY_LOCAL_MACHINE\Software\Microsoft\Internet Explorer\Search分支，找到“Search Assistant”键值名，在右面窗口单击“修改”，然后再找到“CustomizeSearch”键值名，将其键值修改，按【F5】键刷新生效。

（6）被添加非法信息。

- 破坏特性：通过修改注册表，使IE标题栏被强行添加宣传网站的广告信息。
- 表现形式：在IE顶端蓝色标题栏上多出了什么“正点网”之类网站。
- 危害程度：一般。
- 清除方法：采用手动修改注册表法。

打开操作系统的“开始”菜单→“运行”，打开运行对话框。

在该对话框中输入“regedit”命令，打开注册表编辑工具。然后，按顺序依次打开：

首先，找到HKEY_CURRENT_USER\Software\Microsoft\Internet Explorer\Main分支，找到“Window Title”键值名，输入键值为Microsoft Internet Explorer，按【F5】键刷新。

接下来，找到HKEY_CURRENT_MACHINE\Software\Microsoft\InternetExplorer\Main分支，找到“Window Title”键值名，输入键值为Microsoft Internet Explorer，按【F5】键刷新生效。

（7）非法网站链接。

- 破坏特性：通过修改注册表，在鼠标右键弹出菜单里被添加非法站点的链接。
- 表现形式：添加“网址之家”等诸如此类的链接信息。
- 危害程度：一般。
- 清除方法：采用手动修改注册表法。

打开操作系统的“开始”菜单→“运行”，打开运行对话框。

在该对话框中输入“regedit”命令，打开注册表编辑工具。然后，按顺序依次打开：

HKEY_CURRENT_USER\Software\Policies\Microsoft\Internet Explorer\MenuExt 分支，在左边窗口，凡是属于非法链接的主键一律删除，按【F5】键刷新生效。

（8）菜单功能被禁用失常。

- 破坏特性：通过修改注册表，鼠标右键弹出菜单功能在 IE 浏览器中被完全禁止。
- 表现形式：在 IE 中单击右键毫无反应。
- 危害程度：一般。
- 清除方法：采用手动修改注册表法。

打开操作系统的“开始”菜单→“运行”，打开运行对话框。

在该对话框中输入“regedit”命令，打开注册表编辑工具。然后，按顺序依次打开：

HKEY_CURRENT_USER\Software\Policies\Microsoft\Internet Explorer\Restrictions 分支，找到“NoBrowserContextMenu”键值名，将其键值设为“00000000”，按【F5】键刷新生效。

（9）IE 收藏夹被强行添加非法网站的地址链接。

- 破坏特性：通过修改注册表，强行在 IE 收藏夹内自动添加非法网站的链接信息。
- 表现形式：躲藏在收藏夹下非法网站的链接。
- 危害程度：一般。
- 清除方法：请用手动直接清除。

用鼠标右键移动至该非法网站信息上，单击右键弹出菜单，选择删除即可。

（10）非法添加按钮。

- 破坏特性：工具栏处添加非法按钮。
- 表现形式：有按钮图标。
- 危害程度：一般。
- 清除方法：直接单击鼠标右键弹出菜单，选择“删除”即可。

（11）锁定下拉菜单。

- 破坏特性：通过修改注册表，将地址栏的下拉菜单锁定变为灰色。
- 表现形式：不仅使下拉菜单消失，而且在其上覆盖非法文字信息。
- 危害程度：轻度。
- 清除方法：采用手动修改注册表法。

打开操作系统的“开始”菜单→“运行”，打开运行对话框。

在该对话框中输入“regedit”命令，打开注册表编辑工具。然后，按顺序依次打开：

HKEY_CURRENT_USER\Software\Policies\Microsoft\Internet Explorer\Toolbar 分支，在右边窗口找到“LinksFolderName”键值名，将其键值设为“链接”，多余的字符一律去掉，按【F5】键刷新生效。

4.8 网络漏洞的一般防护

通过对网络漏洞攻击原理和攻击步骤的分析，可以知道：要防止或减少网络漏洞的攻击，最好的方法是尽力避免主机端口被扫描和监听，先于攻击者发现网络漏洞，并采取有效措施。

提高网络系统安全性的方法主要有以下几个。

（1）及时安装补丁程序。

在安装操作系统和应用软件之后，及时安装补丁程序，并密切关注国内外著名的安全站点，及时获得最新的网络漏洞信息。

在使用网络系统时，要设置和保管好账户、密码和系统中的日志文件，并尽可能地做好备份工作。

（2）及时安装防火墙，建立安全屏障。

防火墙可以尽可能屏蔽内部网络的信息和结构，降低来自外部网络的攻击。对个人用户而言，现在的个人防火墙还有探测扫描、攻击，并自动防御和追踪的功能。例如，金山毒霸、瑞星防火墙、360防火墙等都具有扫描网络漏洞的功能，设计了自动反扫描的机制，外部的扫描将找不到任何端口。

（3）利用系统工具和专用工具防止端口扫描。

要利用网络漏洞攻击，必须通过主机开放的端口。因此，黑客常利用Satan、Netbrute、SuperScan等工具进行端口扫描。

防止端口扫描的方法：

一是在系统中将特定的端口关闭，如利用Window系统中的TCP/IP属性设置功能，在“高级TCP/IP设置”的“选项”面板中，关闭TCP/IP使用的端口；

二是利用PortMapping等专用软件，对端口进行限制或转向。

（4）通过加密、网络分段、划分虚拟局域网等技术防止网络监听。

（5）利用“密罐”技术，使网络攻击目标转移到预设虚假对象，从而保护系统安全。

【网络安全事件】网络漏洞攻击事件

1．CSDN数据库被黑 600万用户资料被公布在互联网

2011年12月，CSDN的安全系统遭到黑客攻击，600万用户的登录名、密码及邮箱遭到泄漏。经排查，金山毒霸员工疑为隐私泄露源头，金山深陷“泄密门”。

随后，CSDN“密码外泄门”持续发酵，天涯、世纪佳缘等网站，相继被曝用户数据遭泄密。天涯网于12月25日发布致歉信，称天涯4000万用户隐私遭到黑客泄露。

有专家认为从报道中提供的账户密码截图，和已经获得的数据库密码表来看，可以断定是网站存在“SQL注入漏洞”，导致黑客可以很顺利地利用黑客工具进行攻击，从而获得数据库的访问权限，以及有可能获得主机的控制权限；更有可能利用这种漏洞，攻击关联的认证系统，如邮件、网银、电子货币等。尽管与明文保护密码相关，但是CSDN泄密事件的根源还在于SQL注入漏洞。

SQL注入漏洞是盛行很久的黑客攻击行为，黑客通过网站程序源码中的漏洞，进行SQL注入攻击，获得数据库的访问权限。获得账户及密码只是其中最基础的一个内容，这种漏洞还会导致主机权限的丢失，关联认证系统的窃取等。

目前，SQL注入漏洞广泛存在于互联网和私有网络当中，主要的原因是程序员疏漏造成的。虽然目前有很多开发框架能约束程序员的开发行为，但开发者如果执意减少代码，还是很容易造成安全性问题的存在。

2．Adobe公司遭黑客袭击，3800万用户资料被盗

北京时间2013年10月4日消息，美国软件巨头Adobe旗下数个产品的安全漏洞遭黑客大规模攻击，导致近3800万笔客户数据曝光，泄露资料包括用户姓名、信用卡号、客户订单数据等。Adobe表示公司已经移除这些数据，并通知客户重设密码，同时报警处理。

Adobe 产品与服务安全部高级主任 Brad Arkin 在官方博客中表示，黑客利用其产品代码上存在的安全漏洞，进行复杂精密的网络攻击，不仅用户个人资料被窃取，连公司数项产品的源代码都被盗，其中包括 Adobe Acrobat、ColdFusion 及 ColdFusion Builder 等软件。Arkin 推测，黑客可能是想通过源代码，找到入侵企业网络的新方法。

尽管 Adobe 公司紧急报警处理，并发出电子邮件通知客户修改密码，将客户密码重设以防止攻击，但黑客潜入 Adobe 系统内的客户账户及加密密码数据库，很可能已取走 3800 万名客户的部分数据，包括用户名称、加密的信用卡及签账卡卡号、有效日期及其他与客户订单相关的数据。

事实上，知名科技大厂遭黑客攻击的消息频传，微软上月便因黑客找到 IE 漏洞被攻击，而紧急发布了 IE 的软件更新；苹果开发者网站也在 7 月中旬被黑客找出 13 个安全漏洞，事后，该名黑客 Balic 还整理结果，向苹果通报，差点“吃”上官司。

【任务实施】使用 360 防火墙，修补系统漏洞

【任务描述】

张明最近发现自己使用的计算机工作速度非常缓慢，而且打开 IE 浏览器偶尔会有自动关闭的现象发生，根据从网络上查找到的相关的经验，判断是有系统漏洞造成了系统的不稳定，且有木马病毒入侵现象发生。因此，张明决定从网络上下载 360 防火墙软件，检查下系统的安全，更新系统漏洞。

【工作过程】

登录 360 的官方网站 http://www.360.cn/，下载“360 安全卫士”软件工具包，如图 4-18 所示。

图 4-18 下载 360 安全卫士

在本地机器上安装“360 安全卫士”软件包，“360 安全卫士”软件包通过启用向导的方式，直接引导用户安装，各个选项都采用默认的“我接受”“下一步”的方式直接安装。

安装完成的“360 安全卫士”如图 4-19 所示。

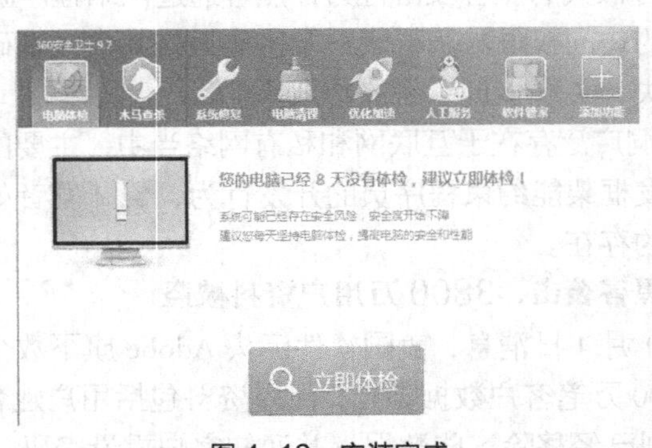

图 4-19 安装完成

然后，选择“360 安全卫士”工具选项中的“系统修复”项，即可启动“360 安全卫士”系统漏洞检查和修复功能。

按“漏洞修复”按钮，即可开启系统漏洞修复过程，如图 4-20 所示。

图 4-20　漏洞修复

PART 5

项目 5 网络数据防护

核心技术

- 加密 Word 文档，保护文档安全

学习目标

- 了解 Office 文档“只读”功能知识
- 了解 Office 文档“密码”保护知识
- 了解压缩文件“密码”保护安全知识
- 掌握工具软件“加密”文件夹

日常生活中，为避免传播造成的歧义，禁止文档修改，在 Word 中编辑完成文档后，多使用 Adobe 公司出品的工具软件 Acrobat 软件包，把文档转换成 PDF 格式。

但由于 Acrobat 软件的版权限制，以及日常使用的范围较小、应用不方便等，普通用户可以直接通过 Office 软件自身具有文档“只读”属性，实现文档禁止修改功能。

这样制作完成的 Word 文档，只能打开阅读，不能擅自修改，且只有拥有修改密码权限的人，才可以修改文档内容。

5.1 Office 文档“只读”功能介绍

日常工作或学习过程中，使用 Office 或者 WPS 办公软件系统处理文档的时候，有些重要的文件，不希望被别人修改；希望这些公开发布的文档，能像 PDF 文档一样，具有“禁止修改”和“编辑”功能，以便有效保护文档的完整性。

最新的 Office 2003/2007/2010 版本，都提供了保护 Office 文档安全的方法，如图 5-1 所示。根据具体情况，选用 Office 的安全保护功能，禁止文档被陌生人随意抄袭、篡改。

如图 5-1 所示，在 Office 办公软件中，单击左上角的“Office 按钮”，选择“准备”菜单，即可打开“限制权限”功能。

通过“限制权限”功能授予用户访问的权限，同时限制其编辑、复制和打印功能。

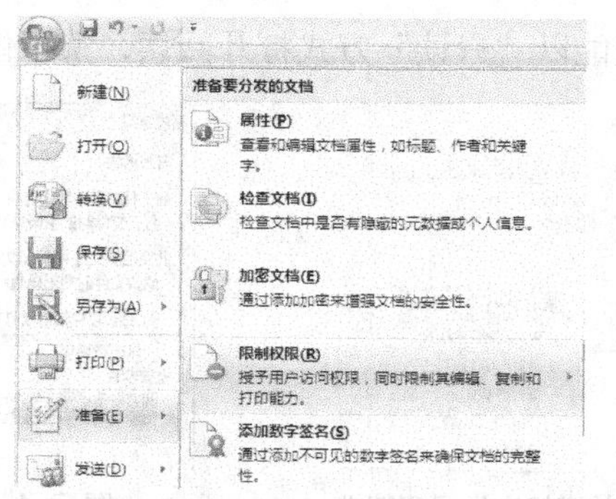

图 5-1 文档访问“限制权限”和“加密文档”选项

图 5-2 保存文档“只读”和“加密文档”选项

此外，选择“保存”或者“另存为”菜单，通过保存对话框中的“工具”选项中的“常规选项”选项卡，也可给文档增加“只读”功能，如图 5-2 所示。

5.2 Office 文档“密码”保护

经常接触 Office 文档的人多会遇到，有些重要的、保存有私人信息的文件，不希望被别人打开，希望给这些文档增加密码，以保护文档安全。

微软的 Office 文档办公系统中，提供禁止打开文档安全功能，分别是：标记为最终状态、用密码进行加密、限制编辑、按人员限制权限、添加数字签名，保护文档的安全。

在 Office 办公软件中，如图 5-1 所示，单击“Office 按钮”，选择“准备”，即可打开“加密文档”功能。

通过给文档增加密码，禁止非授权用户打开文档，保护文档安全。

此外，选择“保存”或者“另存为”菜单，打开“保存”对话框；选择对话框右下角的“工具”选项，打开下拉菜单中的“常规选项”选项卡，给文档增加“打开文件时的密码”功能，可以禁止文档被非法打开，如图 5-2 所示。

通过如下步骤，可实现以上功能。

（1）打开文档“保存”菜单。

首先，使用微软的 Word 办公软件打开指定文档，单击左上角“Office”按钮，即可打开“保存”或者“另存为”菜单。

（2）设置文档保存“常规选项”。

选择“保存”或者“另存为”菜单，在打开的“保存文件”对话框中，打开该对话框右下角“工具”按钮的下拉列表，选择“常规选项”选项卡，如图 5-3 所示。

（3）设置文档保存“只读”。

选择“常规选项”后，打开图 5-4 所示安全配置框，勾选上“建议以只读方式打开文档”

复选框，保存后，该文档只能以“只读”方式打开阅读，禁止修订。

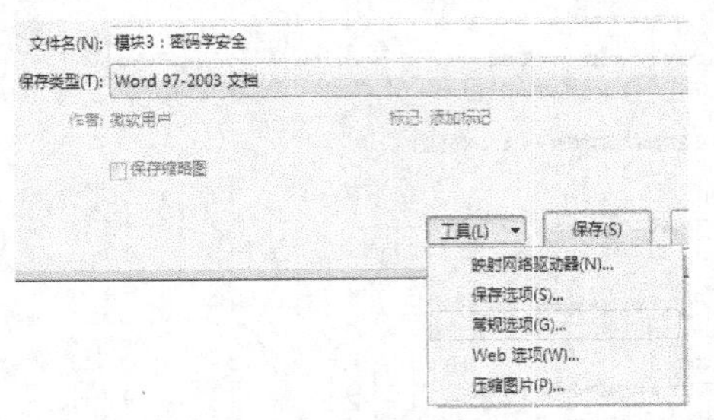

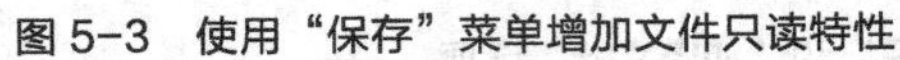

图 5-3　使用“保存”菜单增加文件只读特性

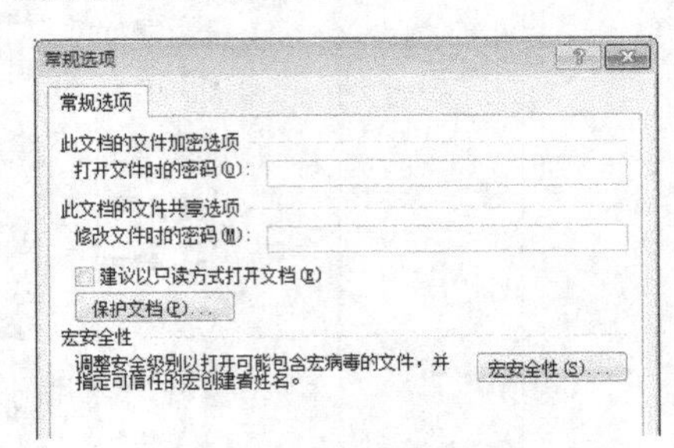

图 5-4　配置文档的只读方式

（4）打开“只读”属性文档，保护文档。

同时，如果在“修改文件时的密码”文本框中输入密码。未来只有密码授权的用户，才具有修订、复制、编辑文档权限。“保存”文件即可生效。

再次打开该文件时，系统会提示该文档的“只读”属性，只有单击“只读”按钮后，才可以阅读该文档，如图 5-5 所示。

如果在具有“只读”属性的文档中修改文档，再次“保存”该文档时，系统会提示该文档具有“只读”属性，出现不可以被修订，“此文件为只读”的提示对话框，如图 5-6 所示。

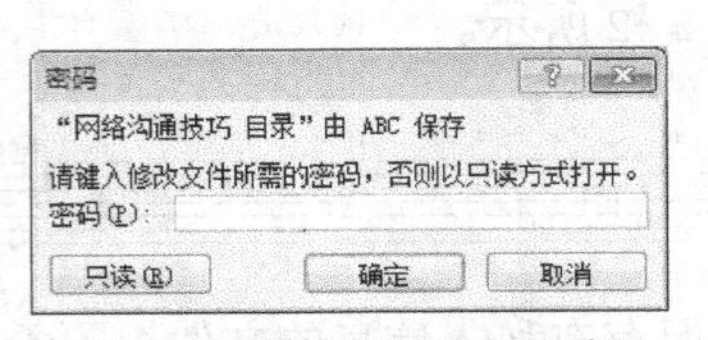

图 5-5　打开只读文档方式

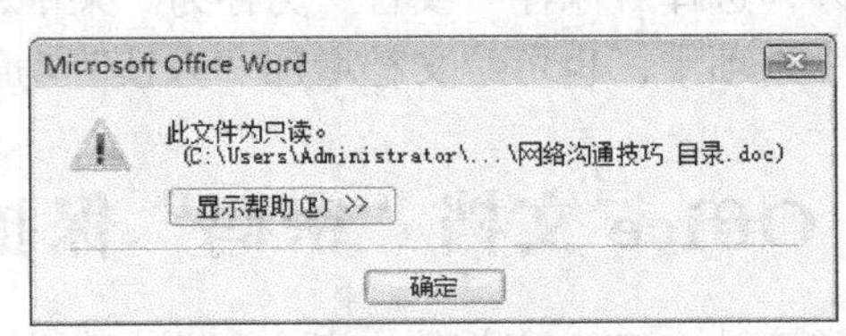

图 5-6　只读特征文档禁止修订

（5）使用“限制访问”选项，保护文档。

在 Office 办公软件中，如图 5-1 所示，单击“Office 按钮”，选择“准备”，即可打开“限制权限”功能，能授予用户访问权限，同时限制其编辑、复制和打印功能。

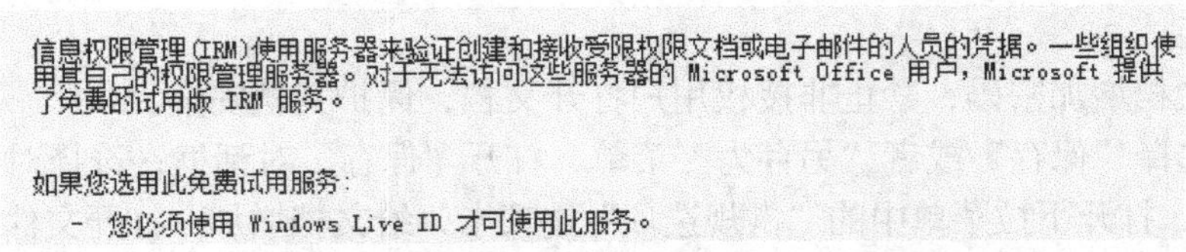

信息权限管理(IRM)使用服务器来验证创建和接收受限权限文档或电子邮件的人员的凭据。一些组织使用其自己的权限管理服务器。对于无法访问这些服务器的 Microsoft Office 用户，Microsoft 提供了免费的试用版 IRM 服务。

如果您选用此免费试用服务:

- 您必须使用 Windows Live ID 才可使用此服务。

图 5-7　“限制访问”选项保护文档提示信息

文档“限制权限”功能需要通过信息管理服务器集中授权管理，由于“信息权限管理（IRM）”使用服务器来验证创建和接收受限文档，对于无法访问“权限管理服务器”的用户，需要通过专门注册手段，才能启用该项功能，否则无法使用，如图 5-7 所示。

5.3　增加压缩文件“密码”，保护文件安全

由于 Internet 开放的特征，重要的文件信息在通过 Internet 传播前，一般都需要针对文档进行加密。

加密后的文件通过互联网进行传输，即使意外被捕获，因为对方无法知道密码，打不开，

而保护了文档传输的安全。

Office 针对此制作完成文档，都具可以设置“加密”属性，实现文档加密功能。

通过 Internet 传输的文件或文件夹，多通过压缩文件的方式传输，这样传输效果更高。大部分压缩文件也带有边压缩文件、边加密功能。

通过双重密码保护，文件会更加安全。

1．什么是压缩文件

在很多场合都会遇到文件压缩的问题，如为提高网络传输速度而进行的文件压缩、为减少文件的占用空间而进行的压缩、为文件的整理归档而进行的压缩等。

特别是在需要通过网络传输文件的过程中，为了提高传输速度，经常需要使用专门的工具软件，把要传输的文件打包、压缩以后再进行传输。

一个较大的文件经压缩后，就产生了另一个较小容量的文件。而这个较小容量的文件，通常就叫它是这些较大容量的（可能一个或一个以上的文件）的压缩文件，如图 5-8 所示。

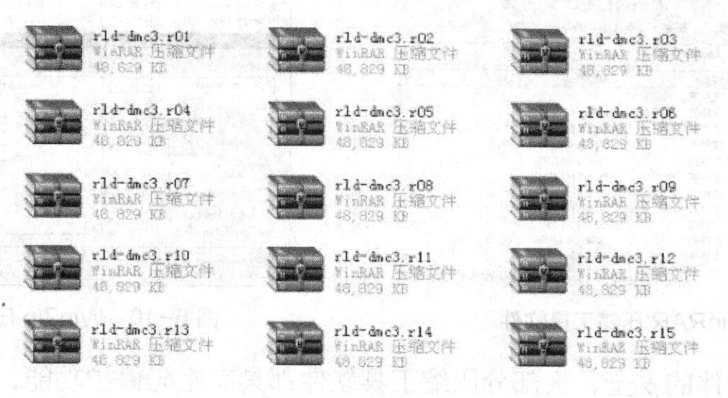

图 5-8　压缩文件

如果要使用这些经过压缩的文件，就必须采用相反的方法，也就是通过专门的解压缩工具软件，将这些经过压缩处理的文件，还原成可以原来的文件格式。

2．压缩文件类型有哪些

目前网络上有 3 种常见压缩格式：一种是 Zip，一种是 RAR，还有一种是自解压压缩文件（文件类型为.exe 格式）。

其中：Zip 压缩文件，要通过 WinZip 解压缩工具进行解压缩。

而 RAR 文件的扩展名是.RAR，同样是无损数据压缩，RAR 文件通常比 Zip 文件压缩比要高，但是压缩速度较慢。因为 RAR 文件头也要占据一定空间，在数据压缩余地不大时，压缩过的文件可能比原文件要大。

RAR 的一个主要优点是可以把文件压缩目标分割到多个文件，并且很容易从这样的分割的压缩文件解压出源文件。

而自解压的压缩文件则不需借助任何压缩工具，只需双击该文件图标，就可以自动执行解压缩。同上述两种压缩格式文件相比，自解压压缩文件体积要大于普通的压缩文件（因为它内置自解压程序）；自解压压缩文件双击图标即可打开，不具有安全性。

在充分考虑文件容量的大小、压缩文件的安全的情况下，Zip 格式压缩文件都是一个较佳选择。

3．常见文件压缩工具软件

目前，在 Windows 系统上应用最多的压缩文件工具是 WinZip 和 WinRAR 工具软件。

● WinRAR

WinRAR 压缩工具软件界面友好，使用方便，在压缩率和速度方面都非常优秀，如图 5-9 所示。它采用更先进的压缩算法，是压缩率较大、压缩速度较快格式之一，且能支持 RAR 和 Zip 两种经典的压缩文件格式，能解压多种文件格式。

● WinZip

WinZip 压缩工具软件也是 Windows 系统中最受欢迎的压缩工具之一，可以迅速压缩和解压任意档案，以节省磁盘空间，如图 5-10 所示。

此外，WinZip 压缩工具还支持 128 位和 256 位高级加密（AES 加密）功能，在传递具有高度机密性数据过程中，不易让其他人解档。

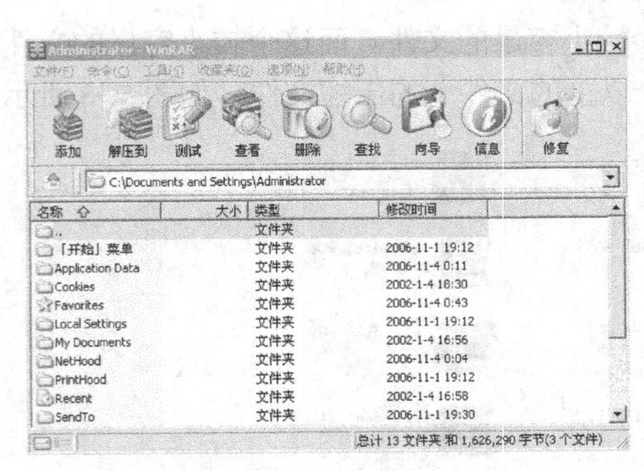

图 5-9　WinRAR 压缩工具软件

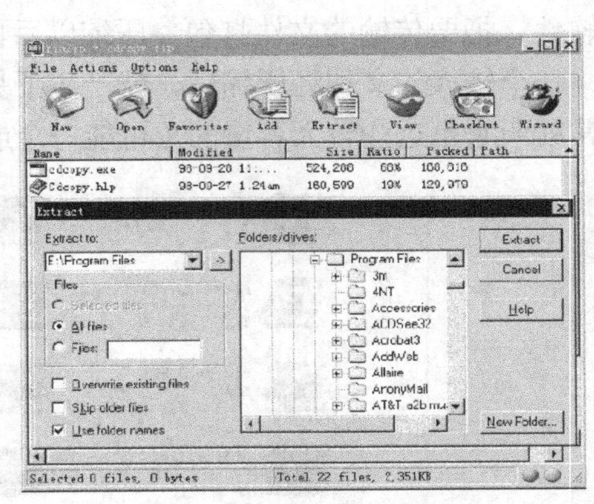

图 5-10　WinZip 压缩工具软件

为保护压缩文件的安全，大部分压缩工具软件都具有密码保护功能，能在文件压缩的过程中，边压缩文件，边给文件增加密码保护。

制作完成的带有压缩密码格式的压缩文件，和普通的压缩文件格式没有任何区别，但在打开的过程中，必须输入正确的安全密码，才能把压缩的文件解压、解密出来。

4．使用文件压缩工具软件加密文件

微软的 Office 文档办公系统只能对 Office 文档加密，但在日常工作和学习中，还会遇到很多非文档类型文件，如视频文件、图片文件等。

如果也希望进行加密保护，就需要通过压缩工具软件，对这些文件进行压缩，并在压缩的过程中增加密码安全保护。

通过实施如下步骤，可以保护压缩文件的安全。

（1）安装文件压缩工具软件。

在互联网上搜索、下载共享版本的压缩工具软件，或者直接在“360 安全卫士”工具上的“软件管家”分栏中，直接下载共享版本的 WinRAR 软件包，如图 5-11 所示。

（2）打开 WinRAR 压缩软件。

选择需要压缩的文件或者文件夹，单击鼠标右键，启动右键下拉菜单，选择“添加到压缩文件”选项，开启 WinRAR 软件界面，如图 5-12 所示。

（3）增加压缩文件密码保护。

选择“高级”选项，单击“设置密码”按钮，设置压缩文件密码，如图 5-13 所示。

打开图 5-14 所示压缩文件密码配置对话框中，输入密码后，按“确定”按钮，即可边压缩文件，边增加密码保护。在压缩的过程中，增加密码保护功能。

图 5-11　在“360 安全卫士”上下载软件包

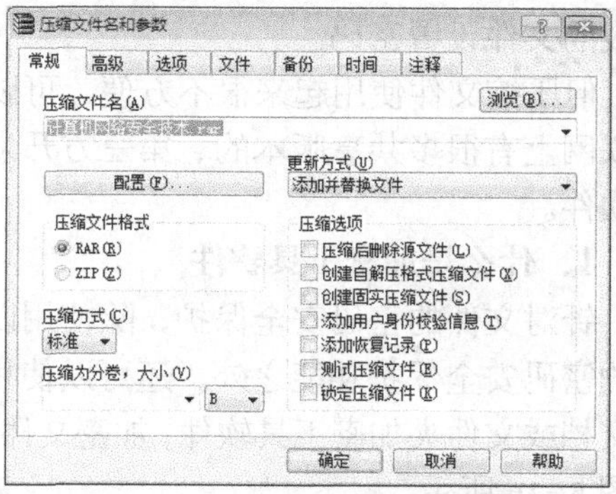

图 5-12　使用 WinRAR 软件压缩文件

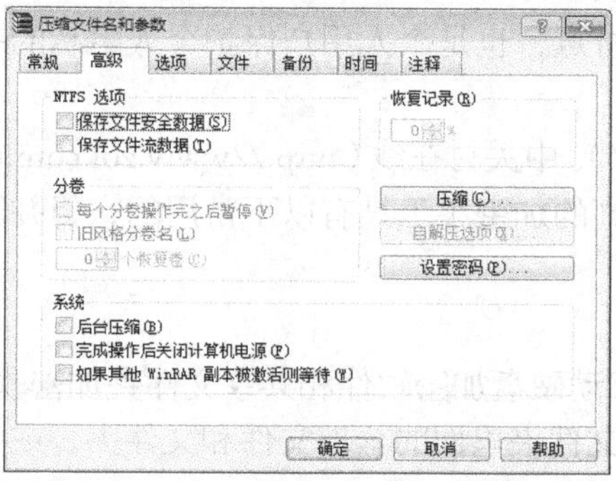

图 5-13　使用 WinRAR 高级选项压缩文件

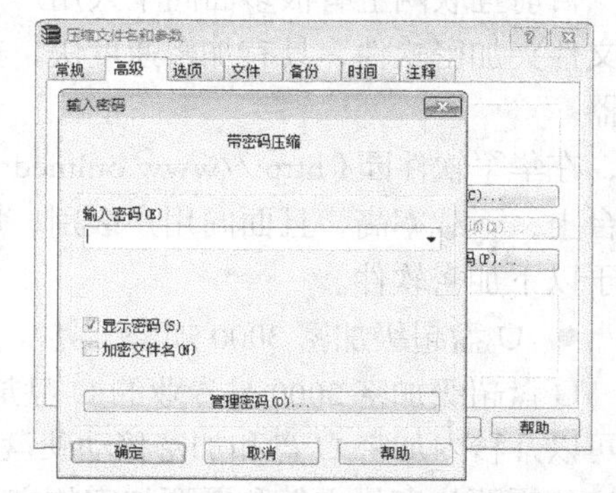

图 5-14　配置 WinRAR 压缩文件保护密码

（4）解压缩文件。

选中压缩文件，按鼠标右键，选择快捷菜单中的“解压到当前文件夹”命令，压缩工具软件弹出对话框，提示“输入密码”，如图 5-15 所示。

只有输入正确密码才可以解压还原文件。

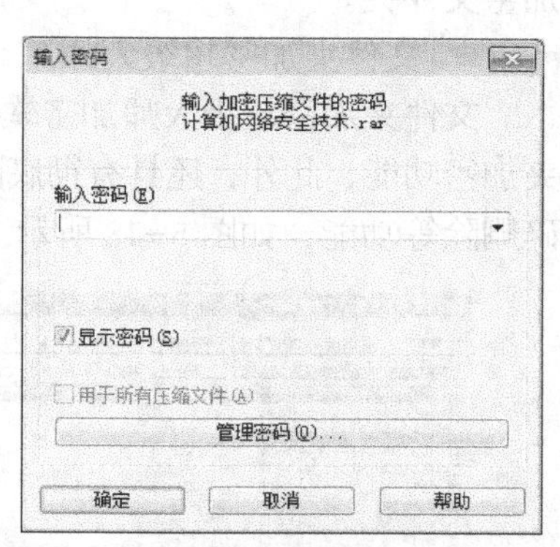

图 5-15　释放带密码保护的压缩文件

小提示：压缩文件密码解码工具软件

和针对 Office 文档密码破解工具一样，互联网上也有很多针对有密码保护压缩文件破解软件。但这些工具软件只有在时间足够加上破解策略得当时，才能有效破解，只有业内的专业人才能应用自如。但和 Office 文档密码保护功能不同，压缩工具软件对密码的算法更加复杂，特别是 WinZip 更支持多达 128 位和 256 位 AES 高级加密算法，具有更高安全性。

在时间允许的情况下，可先使用 Office 办公软件自带的密码保护功能，对文档进行底层密码保护。在此基础上，再通过压缩工具软件进行外层密码保护。双重的算法，双重的保护，从而有效保护文档的安全。

5.4　使用工具软件“加密”文件夹

日常生活中，针对文件夹进行加密，最简单的方式就是对文件夹进行压缩，然后给压缩完成的文件设置密码。

但压缩文件使用起来很不方便，可以使用专门的文件夹加密软件，对文件夹进行加密，互联网上有很多共享版本的、第三方开发的文件夹加密软件。

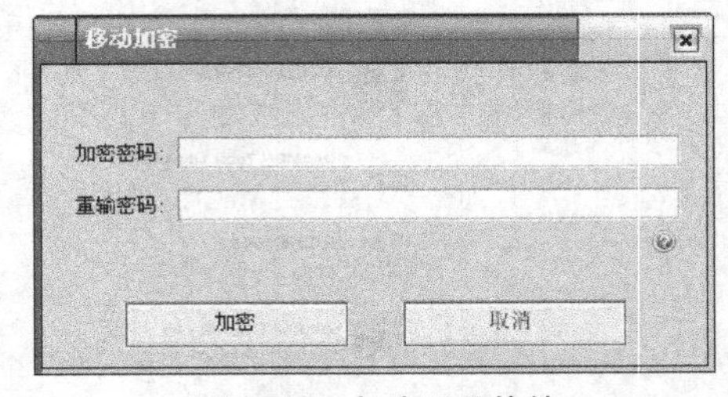

图 5-16 加密工具软件

1．什么是加密工具软件

针对文件的密码安全保护，除使用以上常见、易用的密码安全保护功能之外，还可以使用第三方开发的文档或文件夹加密工具软件，加密文件或者文件夹，如图 5-16 所示。

目前互联网上有很多面向个人用户开发的文件或者文件夹加密软件，具有加密速度快、安全性好等特点，也是个人用户保护个人隐私的有效利器。

在华军软件园（http://www.onlinedown.net/sort/）、中关村在线（http://www.zol.com.cn/）平台上，下载率高，且面向用户级别、用户评价度高的加密小工具有以下常用的，但并不局限于以下加密软件。

- U 盘超级加密 3000 加密工具

U 盘超级加密 3000 是专业的 U 盘加密软件、移动硬盘加密软件和共享文件夹加密软件。它可以几秒内加密 U 盘和加密移动硬盘，加密共享文件夹里面的全部文件和文件夹，或者是指定的需要加密的文件和需要加密的文件夹，如图 5-17 所示。

解密时，也可以解密全部加密的文件和加密的文件夹，或只解密需要使用的加密文件和加密文件夹。

- 文件夹加密超级大师

文件夹加密超级大师加密软件也是一款免费下载加密工具软件，具有强大的文件和文件夹加密功能，此外，还具有彻底隐藏磁盘，以及禁止使用或只读使用 USB 存储设备、数据粉碎删除等功能，如图 5-18 所示。

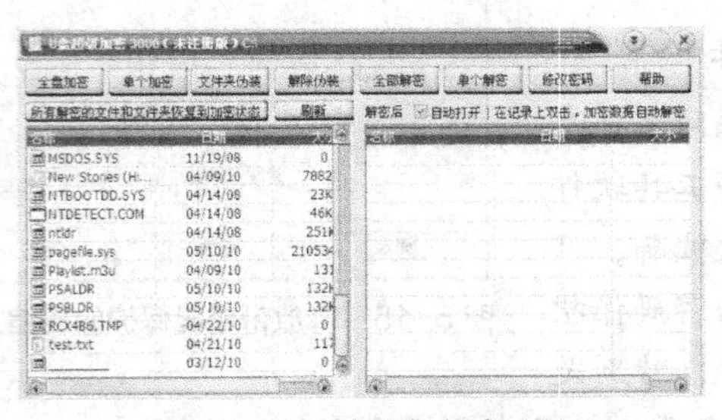
图 5-17 U 盘超级加密 3000

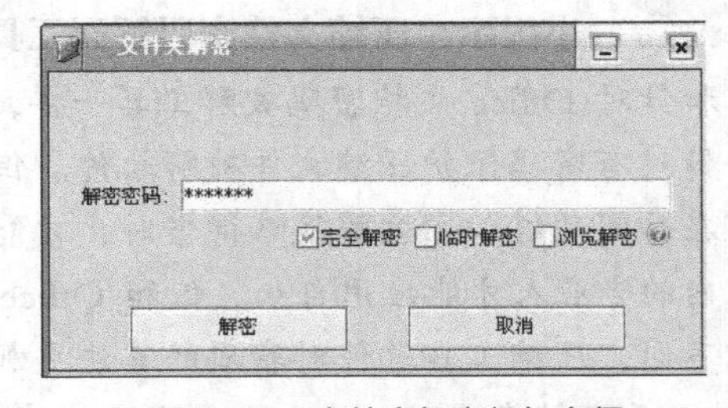

图 5-18 文件夹加密超级大师

- Setong 文件夹加密工具

Setong 文件夹加密工具，也是一款专业的文件和文件夹加密软件，具有人性化设计、界面友好、简单易用的特点。

在百度的搜索引擎中，输入相关“文件夹加密”“文件加密”等关键字，可以检索到很多常用的免费版本的加密工具小程序。

2．Setong 文件夹加密工具介绍

Setong（高强度文件夹加密大师）文件夹加密工具软件，是 Internet 上一款共享版本的文件夹加密小工具软件，也是 Internet 上众多的文件夹加密软件中的一种。

Setong 文件夹加密工具软件使用界面友好、操作简便，它支持 3 种加密方式："本机加密""移动加密"和"隐藏加密"。用户可以在最短时间内，完成文件或文件夹加密功能。

通过实施如下步骤，使用相关的工具软件"加密"文件夹，保护数据安全。

（1）在网络上下载 Setong 文件夹加密工具软件。

使用百度搜索引擎工具，查找 Setong 文件夹加密工具软件，输入关键字为：Setong 文件夹加密。在检索到的众多的链接点上，打开链接，下载到本地，安装在本地机器上。

也可以使用"文件夹加密工具"等关键字，在百度上检索其他文件夹加密工具，尝试下载到本地机器上安装使用。安装完成的 Setong 加密工具软件，如图 5-19 所示。

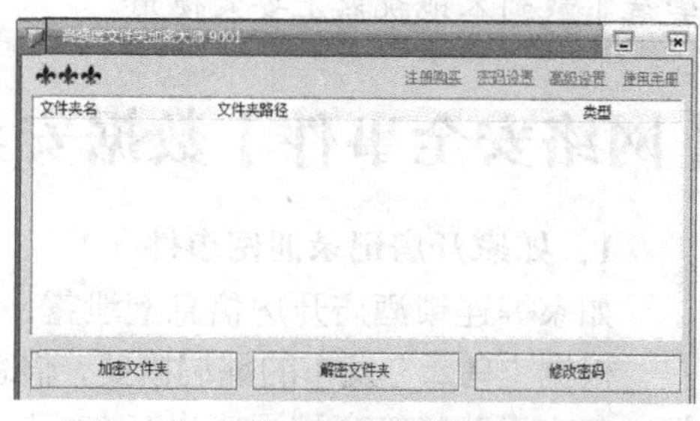

图 5-19 网上下载文件夹加密工具软件

（2）使用 Setong 工具加密本地文件或者文件。

在图 5-19 所示界面上，单击 Setong 加密工具软件，左下角的"加密文件夹"按钮，打开文件夹加密对话框。

在弹出对话框中，选择本地计算机上需要加密的文件夹，如图 5-20 所示。

选择需要加密的文件或者文件夹后，完成该文件或者文件的"加密密码"配置，加密的密码设置如图 5-21 所示。

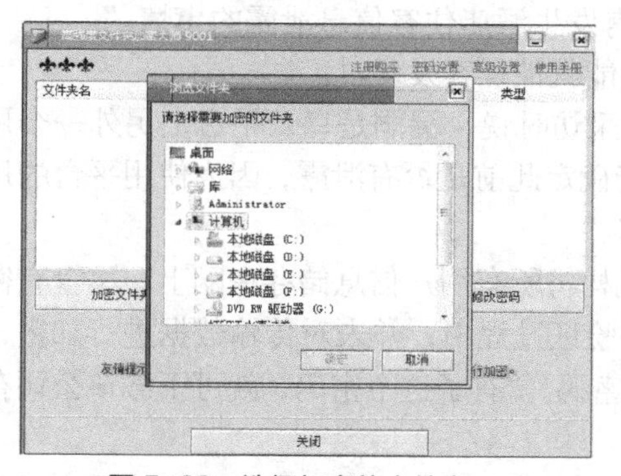

图 5-20 选择加密的文件夹

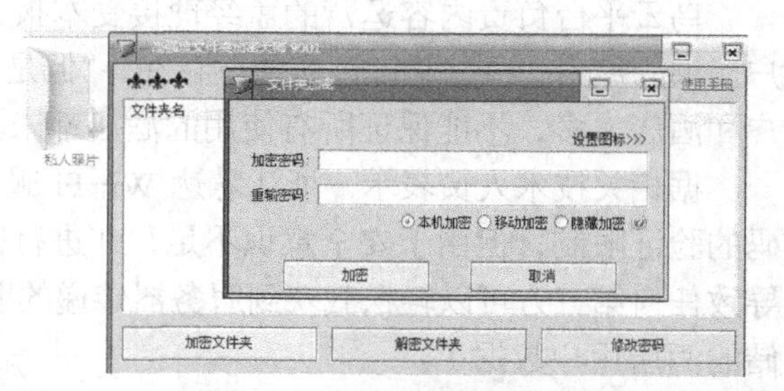

图 5-21 使用 Setong 文件夹加密工具软件加密文件夹

（3）使用 Setong 工具解密文件夹。

使用 Setong 加密工具软件加密后的文件夹，显示图 5-22 所示界面。

使用鼠标双击加密的文件夹，启动 Setong 解密对话框，输入正确的密码文件后，即可"完全解密"加密文件夹，还原该文件原来面目。

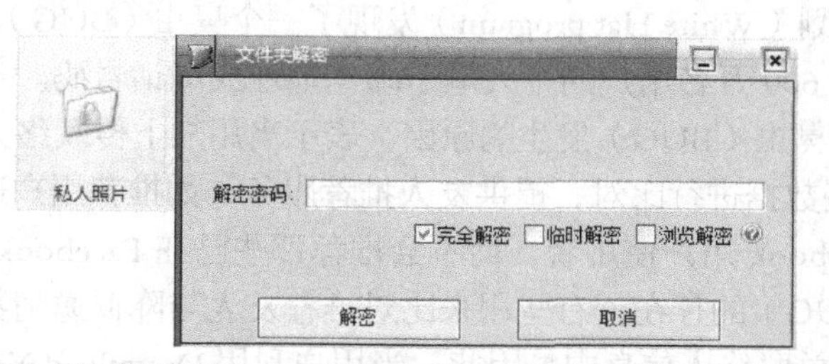

图 5-22 使用 Setong 文件夹加密工具软件释放加密的文件夹

小提示：第三方文件夹加密工具软件

本单元介绍的 Setong（高强度文件夹加密大师）文件夹加密工具软件，是网上一款共享版本的文件夹加密小工具软件，也是众多文件夹加密软件中一种。

可以使用“文件夹加密工具”“文件加密”等关键字，在百度上检索其他文件夹加密工具，尝试下载到本地机器上安装使用。

【网络安全事件】数据安全事件

1．如家开房记录泄密事件

如家等连锁酒店开房信息遭泄露，专家称泄密程度罕见。

根据“乌云”发布的漏洞概要，信息泄露风险不仅存在于如家、7 天等快捷酒店，东莞虎门、东方索菲特等高档酒店也存在。这些酒店全部或者部分，使用了浙江慧达驿站网络有限公司开发酒店 Wi-Fi 管理和认证管理系统。

由于慧达驿站服务器上实时存储了酒店客户的记录，第三方可利用技术漏洞，取得姓名、身份证号、开房日期、房间号等隐私信息。

“乌云”是国内第三方漏洞监测平台发布报告，慧达驿站为国内大量酒店提供的无线门户认证系统，存在信息泄露的安全隐患。通过这一漏洞，酒店客户的姓名、身份证号码、开房日期等敏感信息将一览无余。

虽然慧达驿站的高经理表示，“到目前为止没有发生酒店住客信息泄露的事情。”

但一位网络技术人员认为，漏洞在证实之前可能就被黑客发现过。

乌云平台负责内容运营的孟经理接受本报记者采访时说，漏洞是乌云平台上另外一个用户提供的线索，经过验证证实漏洞存在，“但是不能确定此前是否有泄露，因为使用平台的用户和酒店太多，不能保证所有使用的酒店都未泄露。”

据相关技术人员表示，浙江慧达 Wi-Fi 服务机构将所有用户信息储存在网上，尽管有密码的验证限制，但由于安全意识不足，在进行密码验证过程中，并未对传输数据进行加密，导致任何第三方可以轻松截获到服务器传递的明文密码，“有了这个密码，就可下载该公司存储的酒店用户数据了。”

慧达驿站在“释疑酒店住客信息泄露事件”的升级公告中表示，无线门户系统确实存在信息安全加密等级较低问题，有信息泄露的安全隐患。目前，已经对现有认证系统完成全面升级，住客信息已被加密保护。

2．Facebook 现臭虫，或致 600 万用户数据泄露

2013 年 6 月 24 日，全球著名的社交网站“脸书”Facebook 指出，该站通过与外部安全研究人员合作的白帽计划（White Hat program）发现了一个臭虫（BUG）。该臭虫（BUG）有可能让其他用户存取约 600 万名用户的个人电子邮件地址或电话号码。

Facebook 解释该臭虫（BUG）发生的原因，表示当用户上传联络人信息至 Facebook 时，Facebook 会针对这些数据进行比对，提供友人推荐服务，如推荐用户邀请那些在联络人名单上，但尚未成为 Facebook 用户使用者，而不会推荐那些已在 Facebook 上的联络人。

由于该臭虫（BUG）的存在，有些用来比对推荐友人与降低邀请数量的信息，不当地被储存在与用户账户相关联络人信息中，因此，当用户利用 Download Your Information（DYI）

工具，要下载其 Facebook 账户存盘时，可能会取得与他们有某种关联的联络人的电话与电子邮件地址。这些信息原本不应该出现在所下载的档案中。

Facebook 在得知并证实该臭虫（BUG）后，立即关闭了 DYI 工具以修补问题，更新系统后会再重新释出 DYI 工具。

根据估计，约有 600 万名的 Facebook 用户，分享了他们的电子邮件地址与电话号码。不过，Facebook 也强调，这些信息只被下载一到两次。代表在大多数的情况下，信息只会外泄给一个人，而且并没有开发人员或广告主曾经存取 DYI 工具。

Facebook 表示，迄今并无证据显示有恶意开采的迹象，也没有接获使用者抱怨异常情况。此外，这只是个相对轻微的臭虫（BUG），因为这些电子邮件或电话号码所分享的对象，皆与用户有某种关联，但已令该站感到尴尬，他们将加倍努力以避免同样的事再发生。Facebook 也已寄出邮件通知所有受影响的用户。

【任务实施】加密 Word 文档，保护文档安全

邹先生有份合同资料要通过网络传输给客户。邹先生不希望合同文件以明文的形成传输，希望能给这份合同文件加密，保证这份 Word 文档在不小心丢失、泄露的情况下，合同文件不被他人打开。

日常工作中，对于部分需要保密的文档，不希望被别人获取、打开，可以通过微软的 Office 文档办公系统的“加密文档”或者“打开文档密码”等功能，限制文档打开功能。

（1）打开文档“准备”菜单。

首先，使用微软 Word 办公软件打开指定文档，单击左上角“Office 按钮”图标，打开“准备”→“加密文档”选项卡，通过加密来增加受保护文档安全性，如图 5-23 所示。

（2）设置“加密文档”功能。

单击“加密文档”选项后，即可打开加密文档对话框，输入受保护文档的加密的密码，再进行确认后，即可加密该文档，如图 5-24 所示。保存文件后，密码即可生效。

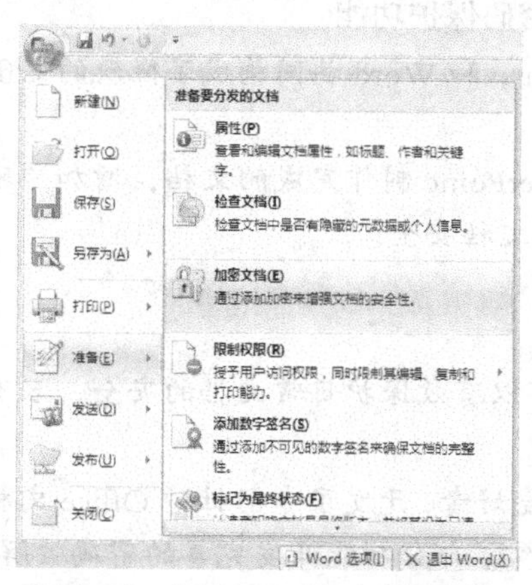

图 5-23　打开 Word 加密文档功能

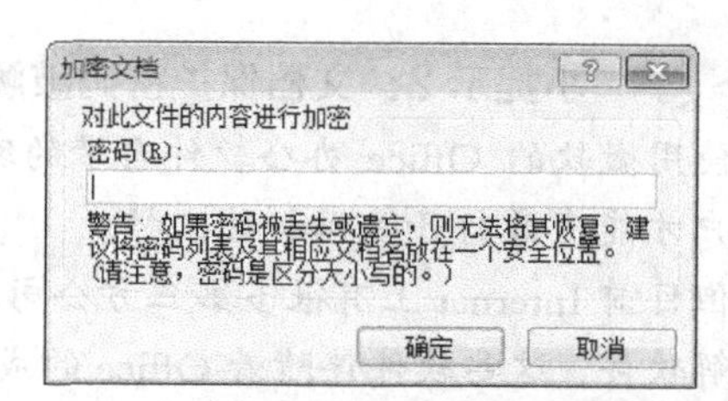

图 5-24　使用“准备”菜单加密文档

（3）打开“加密”文档。

再次打开该文件时，系统会提示该文档的“加密”属性，如图 5-25 所示，只有正确输入密码后，才可以打开该文档。

除通过“准备”菜单的方法，直接给文档增加密码外，也可以通过“保存”菜单，在保存文件的过程中给文档增加保护密码，实现步骤如下。

图 5-25　打开“加密”文档提示信息

（1）打开文档“保存”菜单。

首先，使用微软 Word 办公软件打开指定文档，单击左上角“Office 按钮”图标，打开“保存”或“另存为”按钮。

（2）设置文档保存“常规选项”。

选择“保存”或者“另存为”按钮，在打开的“保存文件”对话框中，如图 5-26 所示。

在该对话框的右下角，选择“工具”按钮，单击打开下拉列表，选择“常规选项”选项卡。

（3）设置文档保存“密码”。

选择“常规选项”选项，单击打开图 5-27 所示安全配置框。

在“打开文件时的密码”文本框中，输入文档密码。保存后密码即可生效，再次打开文件需要密码确认。

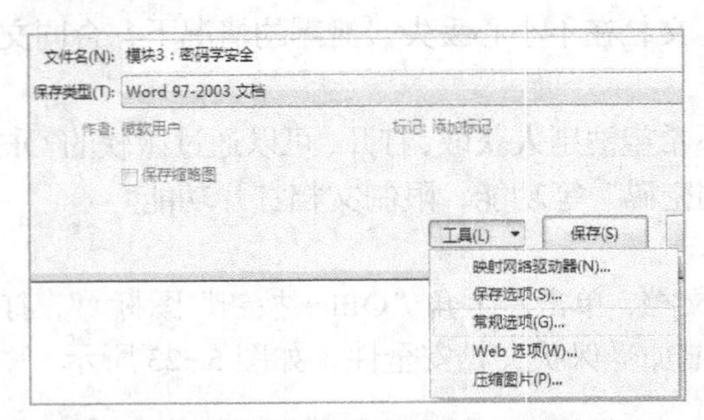

图 5-26　使用“保存”菜单增加文档密码

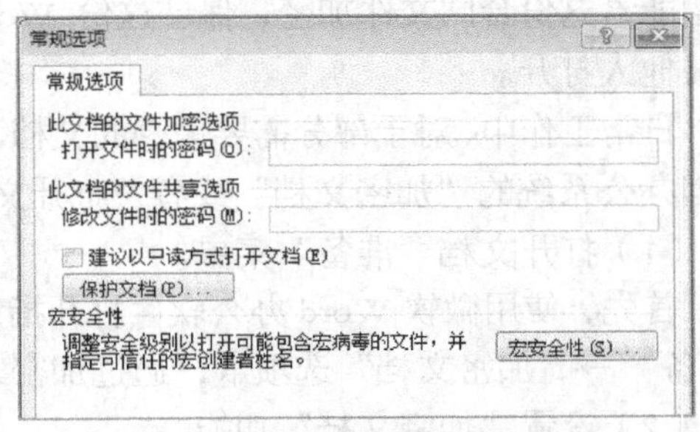

图 5-27　配置文档的加密密码

小提示 1：设置 Excel 和 PowerPoint 密码保护功能

电子表格软件 Excel 和幻灯片制作软件 PowerPoint，和 Word 共同构成了微软的 Office 办公软件包组合。

可以使用上述同样的方式，分别给 Excel 和 PowerPoint 制作完成的文档，增加“密码”或者“只读”功能，保护 Excel 和 PowerPoint 制作的文档安全。

小提示 2：文档保护密码破解软件

使用微软的 Office 办公软件自带的密码功能，可以有效保护日常文档的安全，只有授权的用户才能有效打开受保护的文档。

但目前 Internet 上有很多第三方公司或程序开发爱好者，开发了专门针对 Office 文档密码的破解软件，这些软件伴随着 Office 的成长而层出不穷。部分功能开发完善的密码破解软件，还提供了“暴力”和“字典”两种破解方式。但这些工具软件都是需要时间足够加上破解策略得当，才能有效破解，只有专业人士才能应用自如。

对于广大普通的 Office 用户来讲，Office 办公软件自带的密码功能，已经足够有效保护日常文档的安全。

PART 6

项目 6 网络攻击和防御

核心技术

- 配置 360 防火墙，防御网络攻击

学习目标

- 了解网络攻击基础知识
- 了解网络攻击过程
- 了解网络攻击应对策略
- 掌握本机开放端口服务安全知识
- 学会关闭本机开放端口，禁止入侵检测

6.1 了解网络攻击

网络攻击就是利用网络存在的漏洞和安全缺陷，对网络系统的硬件、软件及其中的数据进行的攻击。

常见的网络攻击分类有两种。

（1）主动攻击：包含攻击者访问所需要信息的故意攻击行为。图 6-1 所示为网络中经典的 DDoS 攻击。

（2）被动攻击：主要是收集信息，而不是进行访问。数据的合法用户对这种活动一点也不会觉察到。

被动攻击主要包括以下几种。

- 窃听：包括键盘按键记录、网络监听、非法访问数据、获取密码文件。
- 欺骗：包括获取口令、恶意代码、网络欺骗。
- 拒绝服务：包括导致异常型、资源耗尽型、欺骗型。
- 数据驱动攻击：包括缓冲区溢出、格式化字符串攻击、输入验证攻击、同步漏洞攻击、信任漏洞攻击。

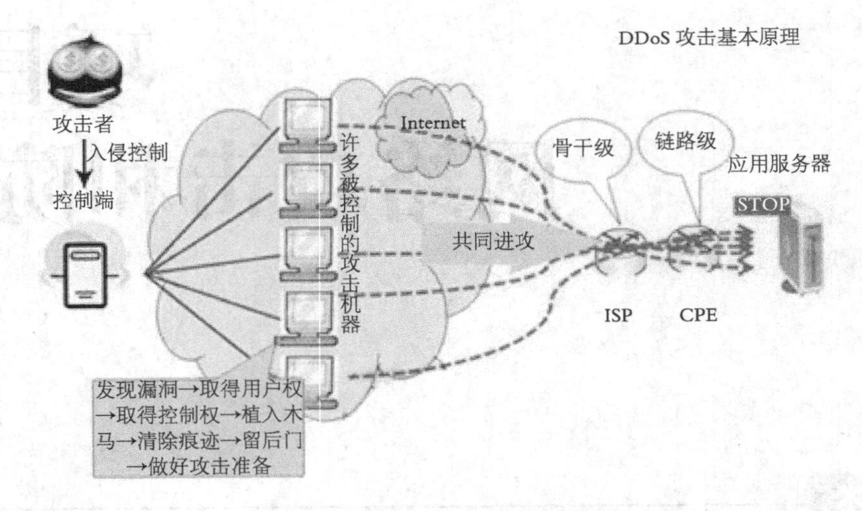

图 6-1　DDoS 主动攻击目标主机

6.2　常见的网络攻击

广泛存在的网络漏洞，为网络中的不法黑客的攻击提供了机会。但在一般情况下，普通的网络用户不易受到恶意攻击。

相比而言，由于网络服务器在网络中的重要作用，而且其安装的软件和开放的端口更多，也就更容易招致网络攻击。但无论对于接受服务的个人用户，还是提供服务的服务器用户，都不能对网络中的漏洞掉以轻心，必须充分认识网络漏洞的危害，并对利用漏洞发动网络攻击的原理有一定的了解。

下面将从网络攻击原理分析角度，对网络漏洞进行更深入的分析。

1．口令入侵

口令入侵是指使用某些合法用户的账户和口令，登录到目的主机，然后再实施攻击活动。这种方法的前提是：必须先得到该主机上的某个合法用户的账户，然后再进行合法用户口令的破译。

获得普通用户账户的方法非常多，如利用目标主机的 Finger 功能：当用 Finger 命令查询时，主机系统会将保存的用户资料（如用户名、登录时间等）显示在终端或计算机上，如图 6-2 所示。

```
ruanxi@ubuntu:~$ finger -m
Login          Name           Tty       Idle  Login Time   Office            Office Phone
Huabin         Huabin         pts/31      34  Oct 27 15:51 (58.30.189.64)
alonely        alonely        pts/25    6:18  Oct 27 10:20 (222.66.115.230)
blueanima      blueanima      pts/28    2:39  Oct 27 10:45 (127.0.0.1:2.0)
cosmo          cosmo          pts/27    1:11  Oct 27 15:19 (119.141.98.172)
ddffgt1        ddffgt1        *         3:26  Oct 27 15:36 (127.0.0.1:4)
devil_v6       devil_v6       pts/14      20  Oct 27 13:10 (219.243.95.203)
easylife       easylife       pts/11    4:50  Oct 27 11:48 (222.178.110.69)
freekongjian   freekongjian   pts/7        7  Oct 27 16:31 (113.98.195.81)
freekongjian   freekongjian   pts/37      41  Oct 27 15:57 (113.98.195.81)
fuqilong       fuqilong       pts/9     1:15  Oct 27 14:56 (210.34.240.17)
garymb         garymb         pts/2       52  Oct 27 15:46 (210.42.106.32)
guoxd          guoxd          pts/10      44  Oct 27 15:55 (162.105.210.60)
happytony      happytony      pts/30    2:09  Oct 27 13:35 (58.192.45.250)
```

图 6-2　Finger 命令查询主机系统用户资料

此外，还可以从电子邮件地址中收集：有些用户电子邮件地址，常会透露其在目标主机上的账户；查看主机是否有习惯性的账户。

有经验的用户都知道，非常多的系统会使用一些习惯性账户，造成账户的泄露。

2．特洛伊木马攻击

特洛伊木马程序能直接侵入用户的计算机并进行破坏，木马程序常被伪装成工具程序或游戏等，诱使用户打开带有特洛伊木马程序的邮件附件，或从网上直接下载了携带病毒程序。

一旦用户打开了这些携带病毒程序的邮件附件，或执行了这些程序之后，它们就会像古特洛伊人在敌人城外留下的藏满士兵的木马一样，把病毒程序也预留在用户的计算机中；并在用户的计算机系统中，隐藏一个能在 Windows 启动时悄悄执行的程序，如图 6-3 所示。

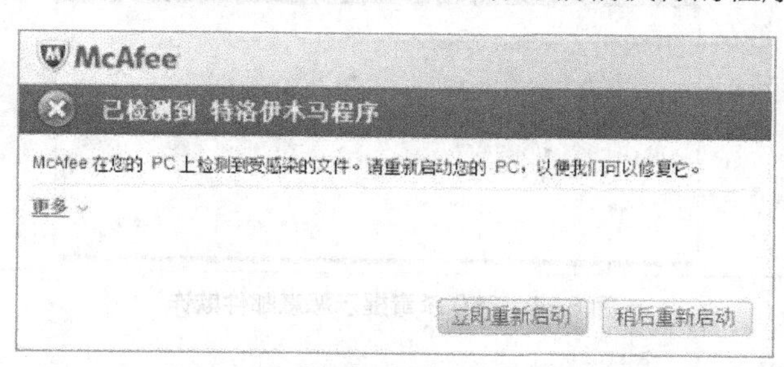

图 6-3 潜伏在系统中的特洛伊木马程序

当中了木马病毒程序的计算机连接到 Internet 上时，这个病毒程序就会通知攻击者用户的 IP 地址及预先设定的攻击端口。

攻击者在收到这些信息后，再利用这个潜伏在用户计算机中的程序，任意地修改用户计算机的参数设定，复制文件、窥视用户整个硬盘中的内容等，从而达到控制用户计算机目的。

3．WWW 欺骗攻击

在 Internet 上，用户能利用 IE 浏览器等进行各种各样 Web 站点访问，如阅读新闻、在线交流、电子商务等。

然而，一般的用户恐怕不会想到有这些问题存在：正在访问的网页已被黑客篡改过，网页上的信息是虚假的。如黑客将用户要浏览的网页的 URL 地址，改写为指向黑客自己的攻击服务器。当用户接入到互联网上浏览目标网页时，实际上指向黑客服务器发出请求，那么黑客就能达到欺骗的目的了。

一般 Web 欺骗攻击使用两种技术手段，即 URL 地址重写技术和信息掩盖技术。

利用 URL 地址，使用户访问的网站地址指向攻击者的 Web 服务器，即攻击者能将自己的 Web 地址，加载在所有访问的 Web 站点的 URL 地址的前面。这样，当用户和站点进行链接时，就会毫不防备地进入攻击者的服务器，于是用户计算机上的所有信息，便处于攻击者的监视之中。

当浏览器和某个站点链接时，能在地址栏和状态栏中获得连接中的 Web 站点地址及其相关的传输信息，用户由此很快能发现问题。所以，网络攻击者往往在 URL 地址重写的同时，利用信息掩盖技术，即一般用 JavaScript 程序来重写地址，达到欺骗目的。

4．电子邮件攻击

电子邮件是 Internet 上应用范围最为广泛的应用之一。

网络上的攻击者能使用一些邮件炸弹软件或 CGI 程序，向目的邮箱发送大量内容重复、无用的垃圾邮件，从而使目的邮箱被撑爆而无法使用。

当垃圾邮件的发送流量特别大时，更有可能造成邮件系统对正常的工作反应缓慢，甚至瘫痪。相对于其他的攻击手段来说，这种攻击方法具有简单、见效快等特点。

另外，还可以通过在发送的邮件中增加附件链接的方式，当用户不小心打开了带有病毒程序的附件时，病毒程序会悄悄预装在用户的计算机上，伺机攻击，如图 6-4 所示。

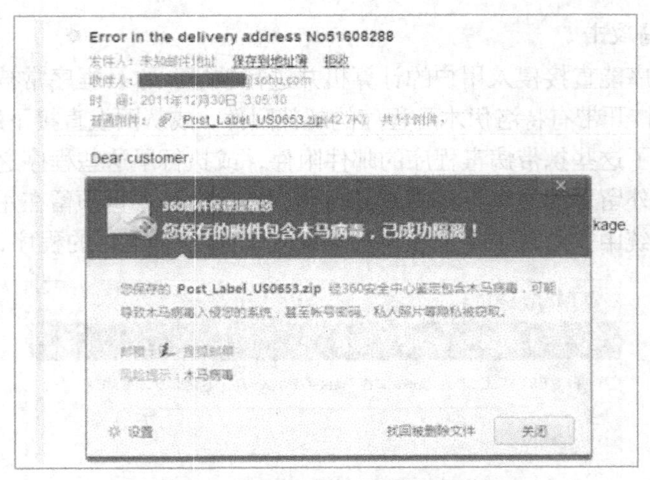

图 6-4　360 杀毒提示恶意邮件欺诈

5．网络监听攻击

网络监听是连接在网络中的一种主机工作模式。

在这种模式下，主机能接收到本网段上，在同一条物理通道上所有计算机传输的所有信息，而不管这些信息的发送方和接收方是谁。

因为系统在进行密码校验时，用户输入的密码需要从用户端传送到服务器端，而攻击者就能在两端之间进行数据监听。

此时，若两台主机进行通信的信息没有加密，只要使用某些网络监听工具，如 NetXRay 、Sniffer、Solaries 等，如图 6-5 所示，就可轻而易举地截取包括口令和账户在内的信息资料。

IP Addr	In Pkts	Out Pkts	In Bytes	Out Bytes	Broadcast
58.60.14.48	3	2	246	172	0
58.251.61.205	1	4	82	440	0
58.251.62.67	128	179	12,184	34,234	0
58.251.63.58	23	27	3,862	5,826	0
60.28.188.9	6	5	1,054	330	0
60.28.217.11	5	3	542	410	0
61.178.188.221	0	80	0	5,120	0
61.187.202.83	0	44	0	2,816	0
116.17.1.195	0	86	0	5,504	0

图 6-5　Sniffer 工具软件监听网络上主机

虽然网络监听获得的用户账户和口令具有一定的局限性，但监听者往往能够获得其所在网段的所有用户账户及口令。

6．黑客软件攻击

利用黑客软件攻击是 Internet 上比较多的一种攻击手法，如 Back Orifice2000、冰河等都是比较著名的特洛伊木马，它们能非法地取得用户计算机的终极用户级权利，能对其进行完全的控制，除了能进行文件操作外，同时也能进行对方桌面抓图、取得密码等操作。

这些黑客软件分为服务器端和用户端，当黑客进行攻击时，会使用用户端程序登录上已安装好服务器端程序的计算机，这些服务器端程序都比较小，一般会随附带于某些软件上。

当用户下载了一个小游戏并运行时，黑客软件的服务器端就安装完成了，而且大部分黑客软件的重生能力比较强，给用户进行清除造成一定的麻烦。特别是一种 TXT 文件欺骗手法，表面看上去是个 TXT 文本文件，但实际上却是个附带黑客程序的可执行程序，另外有些程序也会伪装成图片和其他格式的文件。

7．端口扫描攻击

端口扫描，就是利用 Socket 编程和目标主机的某些端口建立 TCP 连接、进行传输协议的验证等，从而侦知目标主机的扫描端口是否是处于激活状态、主机提供了哪些服务、提供的服务中是否含有某些缺陷等。

常用的扫描方式有：Connect（ ）扫描、Fragmentation 扫描等，如图 6-6 所示。

```
2107    112.90.138.100:80      CLOSE_WAIT
2716    61.147.81.13:80        TIME_WAIT
2723    122.228.241.253:80     TIME_WAIT
2730    116.55.230.253:80      TIME_WAIT
2736    121.10.24.73:80        TIME_WAIT
2759    61.188.190.30:80       TIME_WAIT
2767    61.147.76.8:80         TIME_WAIT
2768    122.228.241.253:80     TIME_WAIT
2773    122.228.241.19:80      TIME_WAIT
2774    61.147.76.8:9527       TIME_WAIT
2778    121.10.24.68:80        TIME_WAIT
2781    61.174.61.175:80       ESTABLISHED
2782    122.228.241.253:80     TIME_WAIT
2786    61.147.81.13:80        TIME_WAIT
```

图 6-6　端口扫描软件检测连接计算机端口信息

8．拒绝服务攻击

拒绝服务攻击（DoS）是一种针对 TCP/IP 漏洞的一种网络攻击手段，其原理是利用 DoS 工具向目标主机发送海量的数据包，消耗网络的带宽和目标主机的资源，造成目标主机网段阻塞，致使网络或系统负荷过载而停止向用户提供服务。

常见的拒绝服务攻击方法有 SYNFlood 攻击、Smurf、UDP 洪水、Land 攻击、死亡之 Ping、电子邮件炸弹等。

目前影响最大、危害最深的是分布式 DDoS 攻击。它利用多台已被攻击者控制的计算机，对某一台计算机进行攻击，很容易导致被攻击主机系统瘫痪，如图 6-7 所示。

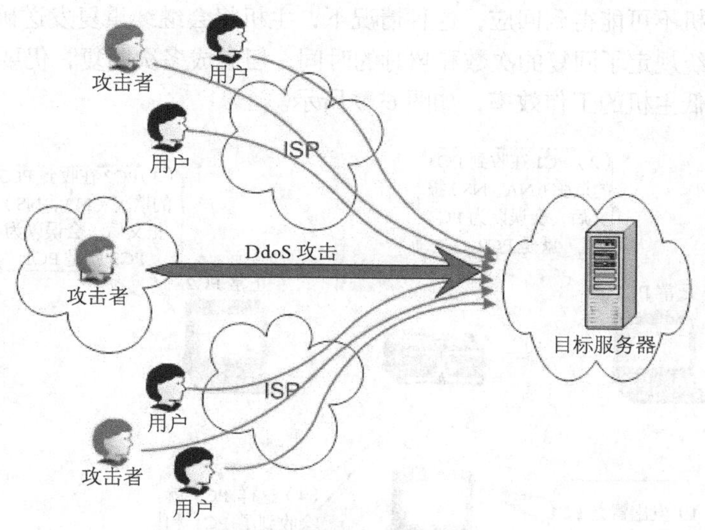

图 6-7　分布式 DDoS 攻击

对 DoS 攻击的防护措施主要是设置防火墙，关闭外部路由器和防火墙的广播地址，利用防火墙过滤掉 UDP 应答消息和丢弃 ICMP 包，尽量关闭不必要的 TCP/IP 服务。

9．缓冲区溢出攻击

简单地说，缓冲区溢出的原因是：向一个有限的缓冲区，复制了超长的字符串，结果覆盖了相邻的存储单元。这种覆盖往往会导致程序运行的失败，甚至是死机或是系统的重启。

黑客就是利用这样的漏洞，可以执行任意的指令，掌握系统的操作权。

缓冲区溢出漏洞广泛存在于应用软件和操作系统中，其危害是非常巨大，但一直以来并没有引起系统和软件开发者足够的重视，如图 6-8 所示。

图 6-8　检测到系统的缓冲区溢出

要防止缓冲区溢出攻击，首要的是堵住漏洞的源头，在程序设计和测试时对程序进行缓冲区边界检查和溢出检测。而对于网络管理员，必须做到及时发现漏洞，并对系统进行补丁修补。有条件的话，还应对系统进行定期的升级。

10．欺骗类攻击

欺骗类攻击主要是利用 TCP/IP 自身的缺陷发动攻击。

在网络中，如果使用伪装的身份和地址与被攻击的主机进行通信，向其发送假报文，往往会导致主机出现错误操作，甚至对攻击主机做出信任判断。这时，攻击者可冒充被信任的主机进入系统，并有机会预留后门供以后使用。

根据假冒方式的不同，这种攻击可分为：IP 欺骗、ARP 欺骗、DNS 欺骗、电子邮件欺骗、原路由欺骗等。

下面以 IP 欺骗攻击为例分析欺骗攻击的过程。

在这种攻击中，发动攻击的计算机使用一个伪装的 IP 地址，向目标计算机主机发送网络请求；当主机收到请求后，会使用系统资源提供网络连接服务，并回复确认信息。但由于 IP 地址是假的，主机不可能得到回应，这种情况下，主机将会继续重复发送确认信息。

尽管操作系统规定了回复的次数和超时的时间，但完成多次回复，仍要占用主机资源较长时间，严重降低主机的工作效率，如图 6-9 所示。

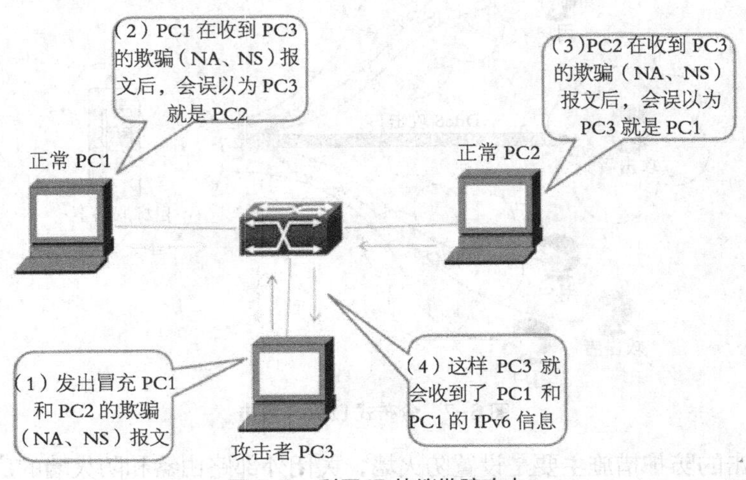

图 6-9　利用 IP 协议欺骗攻击

如 Windows NT 系统在缺省回复次数下，从建立连接到资源的释放大约用时 190 秒。

解决欺骗类攻击的最好方法，是充分了解主机的系统状况，只启用必用的应用程序和只开放提供服务所用到的端口。

11．程序错误攻击

在网络的主机中，存在着许多服务程序错误和网络协议错误。换句话说就是，服务程序和网络协议无法处理所有的网络通信中所面临的问题。人们利用这些错误，故意向主机发送一些错误的数据包，如图 6-10 所示。

对于主机来说，往往不能正确处理这些数据包，这会导致主机的 CPU 资源全部被占用或是死机。服务程序存在错误的情况很多，多种操作系统的服务程序都存在。如 Windows NT 系统中的 RPC 服务，就存在着多种漏洞，其中危害最大的要数 RPC 接口远程任意代码可执行漏洞，非常流行的冲击波病毒就是利用这个漏洞编制的。

对付这类漏洞的方法是尽快安装漏洞的补丁程序，在没有找到补丁之前，应先安装防火墙，视情况切断主机应用层服务，即禁止从主机的所有端口发出和接收数据包。

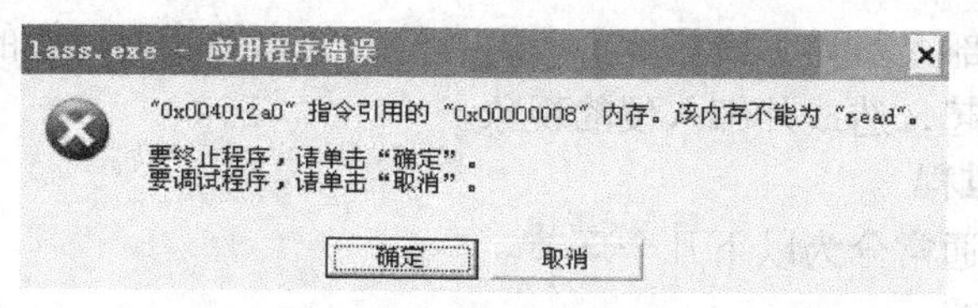

图 6-10　程序错误攻击

12．后门攻击

通常，网络攻击者在获得一台主机的控制权后，会在主机上建立后门，以便下一次入侵时使用。后门的种类很多，有登录后门、服务后门、库后门、口令破解后门等，这些后门多数存在于 UNIX 系统中。

目前，建立后门常用的方法是在主机中安装木马程序。攻击者利用欺骗的手段，通过向主机发送电子邮件或是文件，并诱使主机的操作员打开或运行藏有木马程序的邮件或文件；或者是攻击者获得控制权后，自己安装木马程序。图 6-11 显示某省的门户网站遭受后门攻击的统计信息。

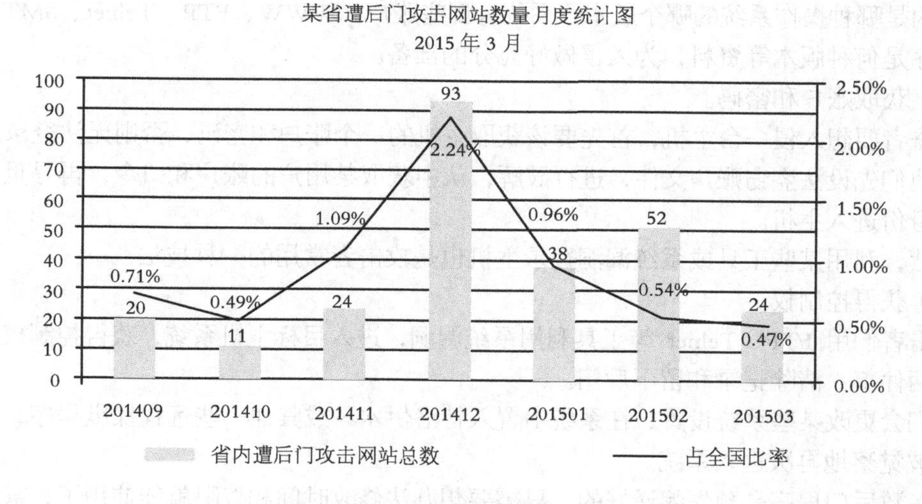

图 6-11　某省门户网站遭受后门攻击统计

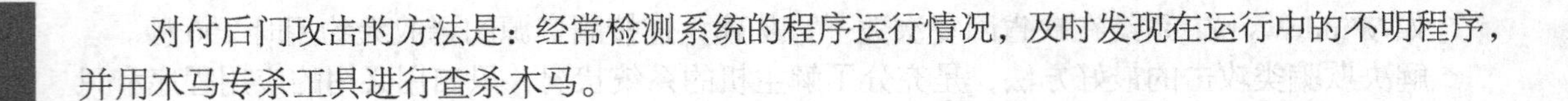

对付后门攻击的方法是：经常检测系统的程序运行情况，及时发现在运行中的不明程序，并用木马专杀工具进行查杀木马。

6.3 网络攻击过程

1. 网络攻击过程的类型

常见的网络攻击过程分为以下 3 种类型。

- 远程攻击

远程攻击指外部攻击者通过各种手段，从子网以外地方向子网或者该子网内系统发动攻击。

- 本地攻击

本地攻击指本单位的内部人员，通过所在的局域网，向本单位的其他系统发动攻击，在本级上进行非法越权访问。

- 伪远程攻击

伪远程攻击指内部人员为了掩盖攻击者的身份，从本地获取目标的一些必要信息后，攻击过程从外部远程发起，造成外部入侵的现象。

2. 网络攻击的过程

网络攻击的过程通常分为以下几个环节。

（1）隐藏己方位置。

普通攻击者都会利用别人的计算机，隐藏他们真实的 IP 地址。老练的攻击者还会利用 800 电话的无人转接服务联接 ISP，然后再盗用他人的账户上网。

（2）寻找并分析。

攻击者首先要寻找目标主机，并分析目标主机。在 Internet 上能真正标识主机的是 IP 地址，域名是为了便于记忆主机的 IP 地址而另起的名字，只要利用域名和 IP 地址就能顺利地找到目标主机。

当然，知道了要攻击目标的位置还是远远不够，还必须将主机的操作系统类型及其所提供服务等资料，做全方面的了解。此时，攻击者们会使用一些扫描器工具，轻松获取目标主机运行的是哪种操作系统的哪个版本，系统有哪些账户，WWW、FTP、Telnet、SMTP 等服务器程序是何种版本等资料，为入侵做好充分的准备。

（3）获取账户和密码。

攻击者要想入侵一台主机，首先要该获取主机的一个账户和密码，否则无法登录。这样常迫使他们先设法盗窃账户文件，进行破解，从中获取某用户的账户和口令，再寻觅合适时机以此身份进入主机。

当然，利用某些工具或系统漏洞登录主机也是攻击者常用的一种技法。

（4）获得控制权。

攻击者们用 FTP、Telnet 等工具利用系统漏洞，进入目标主机系统，获得控制权之后，就会做两件事：清除记录和留下后门。

他们会更改某些系统设置、在系统中置入特洛伊木马或其他一些远程操纵程序，以便日后能不被觉察地再次进入系统。

大多数后门程序是预先编译好的，只需要想办法修改时间和权限就能使用了，甚至新文件的大小都和原文件相同。

攻击者一般会使用 rep 程序传递这些文件，以便不留下 FTB 记录。清除日志、删除拷贝的文件等手段来隐藏自己的踪迹之后，攻击者就开始下一步的行动。

（5）窃取资源和特权。

攻击者找到攻击目标后，会继续下一步的攻击，窃取网络资源和特权。例如：下载敏感信息；实施窃取账户密码、信用卡号等经济偷窃；使网络瘫痪。

如图 6-12 所示，网络中用户感染木马，被攻击控制的过程。

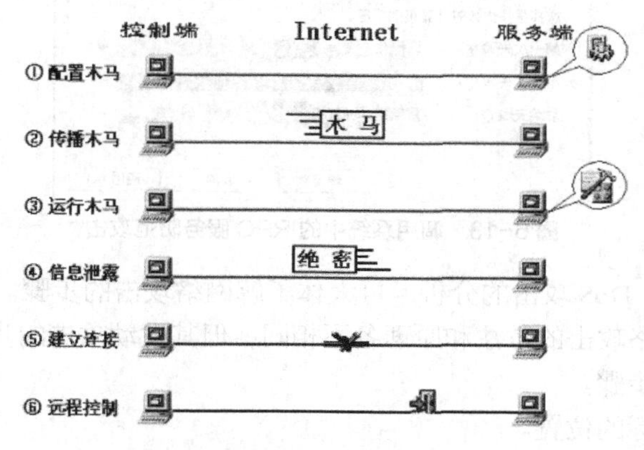

图 6-12　网络中用户感染木马被攻击控制过程

3．DoS 攻击分析

DoS 攻击是网络攻击中常见的，也是危害比较大的一种，其攻击的手法多样。

在拒绝服务攻击中，利用 Windows 操作系统中的 RPC 服务漏洞，进行攻击是一种常见的拒绝服务攻击。

漏洞存在于 Windows 系统的 DCE-RPC 堆栈中，远程攻击者可以连接 TCP135 端口，向其发送畸形数据，可导致 RPC 服务的关闭，进而引起系统停止对新的 RPC 请求进行响应，产生拒绝服务。

由于 Windows 系统中的许多服务都依赖于 RPC 服务，这就使得系统变得极不稳定，许多正常的操作无法进行，甚至造成系统的频繁重新启动。实现这种攻击的方法较为容易，也不需要太多的专业知识，但造成的危害却不小。

一般情况下，攻击者会利用 stan、nMap、X-scan 等工具，扫描网络中的计算机，获得被攻击主机的 IP 地址和相关端口信息。有的攻击者甚至不利用扫描工具，直接猜测一个 IP 地址就发动攻击。

获得相应信息后，攻击者会利用 dcom.exe 程序进行攻击。

在 DOS 状态下，输入 dcom.exe　IP 地址，然后确认即可启动程序。

这时攻击主机没有任何提示，但被攻击主机如果存在这一漏洞，将出现一个系统对话框提示 svchost.exe 程序错误，继而出现关机对话框，关机消息为 Remote ProcedureCal（RPC）服务意外终止，60 秒后系统重新启动。

这样对方主机只要利用 RPC 服务，系统就会重新启动，也就无法使用网络资源。

若遭受 RPC 服务 DoS 攻击，应首先断开网络并采用手工的防范措施。

依次打开计算机“控制面板”→“管理工具”→“计算机管理”图标，展开管理界面左侧的“服务和应用程序”项中的“服务”选项，从界面右侧找到“Remote Procedure Call（RPC）”

服务。单击鼠标右键，选择“属性”，打开属性面板，选择其中的“恢复”标签，将启动失败后计算机选项全部改为“不操作”，如图 6-13 所示。

虽然经过手工设置之后，计算机不再重新启动，但主机的一些正常功能也被破坏，因此还需要给系统打上微软提供的安全补丁才行。

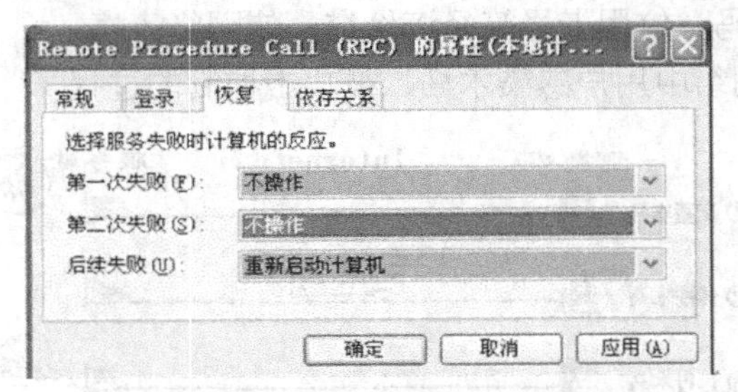

图 6-13　调用系统中的 RPC 服务防范攻击

通过对 RPC 服务 DoS 攻击的分析，可大体了解网络攻击的步骤。

事实上，尽管网络攻击的方法和原理各不相同，但其发动攻击的步骤是基本一致的。通常都是采用以下 4 个步骤。

（1）确定攻击目标的位置。

（2）利用公开协议和工具，通过端口扫描、网络监听收集目标的系统类型、提供的服务等信息。

（3）利用自编入侵程序或公开的工具，扫描分析系统的安全漏洞。

（4）针对发现的网络漏洞，展开攻击。

6.4　网络攻击应对策略

在对网络攻击进行上述分析和识别的基础上，应当制定有针对性的策略。

明确安全对象，设置强有力的安全保障体系。在网络中层层设防，发挥网络的每层作用，使每一层都成为一道关卡，从而让攻击者无缝可钻、无计可施；还必须做到未雨绸缪，预防为主，将重要的数据备份并时刻注意系统运行状况。

以下针对众多令人担心的网络安全问题提出的几点建议。

（1）不要随意打开来历不明的电子邮件及文件，不要随便运行陌生用户的程序，比如“特洛伊”类黑客程序就是要骗用户运行。

（2）尽量避免从 Internet 下载不知名的软件、游戏程序。即使从知名的网站下载的软件，也要及时用最新的病毒和木马查杀软件对软件和系统进行扫描。

（3）密码设置尽可能使用字母数字混排，单纯的英文或数字非常容易穷举。将常用的密码设置不同，防止被查出一个，连带到重要密码。重要密码最好经常更换。

（4）及时下载安装系统补丁程序。

（5）不随便运行黑客程序，不少这类程序运行时会发出用户的个人信息。

（6）在支持 HTML 的 BBS 上，如发现提交警告，先看原始码，非常可能是骗取密码的陷阱。

此外，其他的常见策略还有：将防病毒、防黑客的安全检查当成日常例行工作，定时更新防病毒组件，将防病毒软件保持在常驻状态，多使用防病毒、防黑客等防火墙软件。

防火墙是用以阻止网络中的黑客访问某个机构网络的屏障，也可称之为控制进/出两个方向通信的门槛。在网络边界上，通过建立起来的相应网络通信监视系统来隔离内部和外部网络，以阻挡外部网络的侵入。

由于黑客经常会针对特定的日期发动攻击，计算机用户在此期间应特别提高警戒，对于重要的个人资料做好严密的保护，并养成资料备份的习惯。

6.5 查看本机开放端口服务安全

1. 什么是端口

计算机“端口”是英文 port 的意译，可以认为是计算机与网络中其他设备通信交流的出口。在 Internet 上，各台主机之间通过 TCP/TP 协议，发送和接收数据信息，按照目标主机的 IP 地址，数据能被准确传输目的地。

由于接受计算机的操作系统支持多任务工作方式，每台计算机上可能有多个软件程序（进程）在同时运行：如使用 IE 浏览器软件在访问网页、QQ 软件在聊天、迅雷软件在下载电影、Outlook 软件在收发邮件等。那么，目的计算机从网络上接收到的数据包后，应该传送给计算机上正在运行的哪一个软件程序（进程）进行处理?

一台拥有 IP 地址的计算机可以提供许多服务，如 Web 服务、FTP 服务、SMTP 服务等，这些服务完全可以通过一个 IP 地址来实现。那么，主机是怎样区分不同的网络服务呢?

显然不能只靠 IP 地址，因为 IP 地址与网络服务的关系是一对多的关系。

因此，端口的工作机制便被引入进来，计算机上的每个端口都对应着相应的服务。每个端口都由一个正整数来标识，如 80、139、445 等。这些端口号对应计算机上某一项程序提供的服务，如 21 号端口是上传下载的 FTP 服务，80 号端口就是网页访问的 Web 服务等。当目的计算机接收到数据包后，将根据数据包携带的端口号，把收到的数据发送到计算机相应端口，即相应的服务程序上进行处理。

如果把 IP 地址比作一间房子，端口就是出入这间房子的门。真正的房子可能只有几个门，但是一个 IP 地址的端口可以有 65 536（即 2^{16}）个之多。通过端口号来标记区别，端口号只有整数，范围是从 0 到 65 535。

2. 端口的作用

知名端口即众所周知的端口号，范围从 0 到 1 023，由 IANA 统一分配。这些端口号一般固定分配给一些服务，且在大多数系统中，只能由系统（或根）进程或特权用户执行的程序使用。比如 21 端口分配给 FTP 服务，25 端口分配给 SMTP（简单邮件传输协议）服务，80 端口分配给 HTTP 服务，135 端口分配给 RPC（远程过程调用）服务等。

为规范端口标准，国际标准化组织规定：标准化的端口号的范围从 0 到 1 023，提供常见的服务。例如：上传下载（FTP）服务号为 20、21；远程登录（Telnet）服务号为 23；发送电子邮件（SMTP）服务号为 25；访问网页（HTTP）的服务号为 80 等，如图 6-14 所示。

动态端口（Dynamic Ports）的编号范围从 1 024 到 65 535。之所以称为动态端口，是因为它一般不固定分配某种服务，而是动态、随机的分配。

动态端口的范围从 1 024 到 65 535 之间，这些端口号一般不固定分配给某项服务，也就是说许多服务，都可以使用这些端口，因此也称为自定义端口。只要运行的程序向系统申请访问网络的时候，那么系统就可以从这些端口号中分配一个自定义端口号，供该程序使用。比如 1024 端口就是分配给第一个向系统发出申请的程序。

端口号	对应服务名	对应服务中文名
1	tcpmux	TCP 端口服务多路复用
5	rje	远程作业入口
7	echo	Echo 服务
9	discard	用于连接测试的空服务
11	systat	用于列举连接了的端口的系统状态
13	daytime	给请求主机发送日期和时间
17	qotd	给连接了的主机发送每日格言
18	msp	消息发送协议
19	chargen	字符生成服务；发送无止境的字符流
20	ftp-data	FTP 数据端口
21	ftp	文件传输协议（FTP）端口；有时被文件服务协议（FSP）使用
22	ssh	安全 Shell（SSH）服务
23	telnet	Telnet 服务
25	smtp	简单邮件传输协议（SMTP）
37	time	时间协议
39	rlp	资源定位协议
42	nameserver	互联网名称服务
43	nicname	WHOIS目录服务
53	domain	DNS（域名）服务
67	bootps	引导协议（BOOTP）服务；还被动态主机配置协议（DHCP）服务使用
68	bootpc	Bootstrap（BOOTP）客户；还被动态主机配置协议（DHCP）客户使用
69	tftp	小文件传输协议（TFTP）
80	http	用于万维网（WWW）服务的超文本传输协议（HTTP）

图 6-14　常见的服务对应的端口号

在关闭程序进程后，就会释放所占用的端口号。

不过，动态端口也常常被病毒木马程序所利用，如冰河默认连接端口是 7626，WAY 2.4 是 8011，Netspy 3.0 是 7306，YAI 病毒是 1024 等。

当某项服务程序进程需要网络通信时，它向主机申请一个端口，主机从可用的端口号中分配一个供它使用。当这个进程关闭时，同时也就释放了所占用的端口号。

3．端口入侵门户

有人曾经把计算机比作房子，而把端口比作通向不同房间（服务）的门。来自网络中的入侵者（黑客）要占领这间房子，势必要破门而入（物理入侵）。那么对于入侵者来说，了解房子开了几扇门，都是什么样的门，门后面有什么东西就显得至关重要。

网络入侵者通常会用扫描器软件，对目标主机的端口进行扫描，以确定哪些端口是开放的（门户大开）。从开放的端口，入侵者可以知道目标计算机大致提供了哪些服务，进而猜测可能存在的漏洞。

图 6-15 所示的就是 Internet 上一款针对网络 IP 地址及端口实施攻击的黑客软件主界面截图。

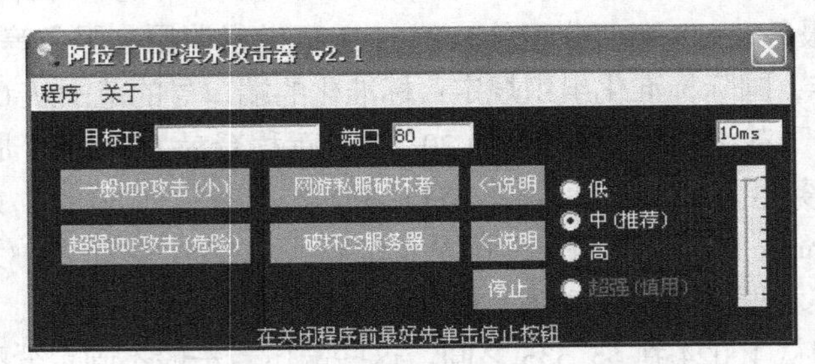

图 6-15　网络黑客攻击目前计算机端口

因此对端口的扫描可以帮助网络管理人员，更好地了解目标主机安全状况。而对于网络管理人员来说，扫描本机的开放端口，也是做好网络安全防范的第一步。

4．查看本机端口

微软的 Windows 操作系统提供的端口查看 Netstat 命令是 DOS 环境下的控制台命令，该命令可以帮助用户方便地查看本机端口的使用状态，监控网络服务的运行状态。

通过 Netstat 命令，可以显示当前网络的路由表、实际的网络连接，以及每一个网络接口设备的状态信息，如图 6-16 所示。

在 Internet RFC 标准中，Netstat 的定义是：Netstat 是在内核中访问网络及相关信息的程序，它能提供 TCP 连接、TCP 和 UDP 监听、进程内存管理的相关报告。

Netstat 用于显示与 IP、TCP、UDP 和 ICMP 协议相关的统计数据，一般用于检验本机各端口的网络连接情况，是一个监控 TCP/IP 网络的非常有用的工具。

```
C:\WINDOWS\system32\cmd.exe

C:\>netstat -na

Active Connections

  Proto  Local Address          Foreign Address        State
  TCP    0.0.0.0:135            0.0.0.0:0              LISTENING
  TCP    0.0.0.0:445            0.0.0.0:0              LISTENING
  TCP    0.0.0.0:3077           0.0.0.0:0              LISTENING
  TCP    0.0.0.0:6059           0.0.0.0:0              LISTENING
  TCP    0.0.0.0:10405          0.0.0.0:0              LISTENING
  TCP    127.0.0.1:1027         0.0.0.0:0              LISTENING
  TCP    192.168.51.14:139      0.0.0.0:0              LISTENING
  TCP    192.168.51.14:1025     202.206.41.5:10403     ESTABLISHED
  TCP    192.168.51.14:1282     218.12.197.146:80      CLOSE_WAIT
  TCP    192.168.51.14:1297     218.12.197.146:80      CLOSE_WAIT
  TCP    192.168.51.14:2053     220.181.28.245:80      CLOSE_WAIT
```

图 6-16　Netstat 命令查看端口信息

在 Windows 操作系统的 DOS 命令工作状态下，输入以下命令即可。

```
C:\>netstat /?
```

该命令可以显示当前系统的协议统计信息，和当前 TCP/IP 网络连接进程信息。

5．使用 Netstat 命令监控本机端口状态

网络中的黑客入侵网络时，一般都是首先利用端口扫描工具，搜集目标网络和目标主机的端口信息，进而发现目标计算机系统的脆弱点，然后根据脆弱点展开攻击。

网络安全管理人员平时应多使用网络端口扫描工具，监控网络服务状态，及时发现网络系统的漏洞，并采取相应的补救措施，免受入侵者的攻击。

Windows 操作系统中内置的 Netstat 命令，可以用来获得系统网络连接的信息（使用的端口，在使用的协议等）、收到和发出的数据、被连接的远程系统的端口，还可以在计算机的内存中读取所有的网络信息。

（1）转到 Windows 操作系统的 DOS 后台状态。

打开 Windows 操作系统的开始菜单："开始"→"运行"，在打开的对话框中输入"cmd"，转到 Windows 操作系统的 DOS 后台工作状态。

（2）使用 Netstat 命令查看端口状态。

在系统的 DOS 命令工作状态，输入"netstat -a"，显示系统目前所有连接和侦听的端口信息，如图 6-17 所示。其中后面的"-a"参数，常用于获得本地系统开放的端口、检查系统上有没有被安装木马。

```
C:\Users\Administrator>netstat -a

活动连接

  协议  本地地址            外部地址          状态
  TCP    0.0.0.0:135           LS0001:0               LISTENING
  TCP    0.0.0.0:445           LS0001:0               LISTENING
  TCP    0.0.0.0:843           LS0001:0               LISTENING
  TCP    0.0.0.0:16000         LS0001:0               LISTENING
  TCP    0.0.0.0:49152         LS0001:0               LISTENING
  TCP    0.0.0.0:49153         LS0001:0               LISTENING
  TCP    0.0.0.0:49154         LS0001:0               LISTENING
  TCP    0.0.0.0:49156         LS0001:0               LISTENING
  TCP    0.0.0.0:49157         LS0001:0               LISTENING
  TCP    10.238.2.7:139        LS0001:0               LISTENING
  TCP    10.238.2.7:49161      61.184.100.52:http     CLOSE_WAIT
  TCP    10.238.2.7:49638      117.71.17.121:http     CLOSE_WAIT
  TCP    10.238.2.7:49639      117.71.17.121:http     CLOSE_WAIT
```

图 6-17　Netstat 命令查看本机端口状态

如图 6-18 所示，监控到计算机所在的网络的运行状态信息如下。

协议：TCP，表示系统目前使用传输层 TCP 协议通信。

端口：135，是使用的端口号。

本地地址：正在使用的计算机地址。

外部地址：远程通信的计算机地址，如“61.184.100.52”，远程端口为 http，表示正在使用 WWW 网络的网页服务（80 端口）。其中“LS0001”是本机的机器名，表示该项通信是和自己本机内部通信。

状态：LISTENING，表示连接进程。连接进程是通过一系列状态表示，其中：

- LISTENING 表示正在侦听来自远方 TCP 端口的连接请求；
- ESTABLISHED 代表一个打开的连接，数据可以传送给用户；
- CLOSE-WAIT 表示等待从本地用户发来的连接中断请求；
- CLOSING 表示等待远程 TCP 对连接中断的确认；
- TIME-WAIT 表示等待足够的时间，以确保远程 TCP 接收到连接中断请求的确认；
- CLOSED 表示没有任何连接状态。

此外，Netstat 命令还可以使用“-n”参数，格式为：netstat　-n。

“-n”显示的结果基本上是“-a”参数的数字形式。但“-n”参数不仅仅能显示 TCP 连接，还能获得对方的 IP 信息，如图 6-18 所示。

得到 IP 等于得到一切，IP 地址信息通常是黑客攻击远程的计算机首要寻找的攻击目标，也是从网络中最容易获得被攻击目标计算机的信息。所以在非安全的网络中，隐藏本机的 IP 地址，获得攻击目标计算机的 IP 地址，对黑客发起攻击来说非常重要。

Netstat 命令的“-a”和“-n”都是最常用的命令参数。如果要显示一些协议的更详细信息，就要用“-p”这个参数，格式为：netstat　-p 。

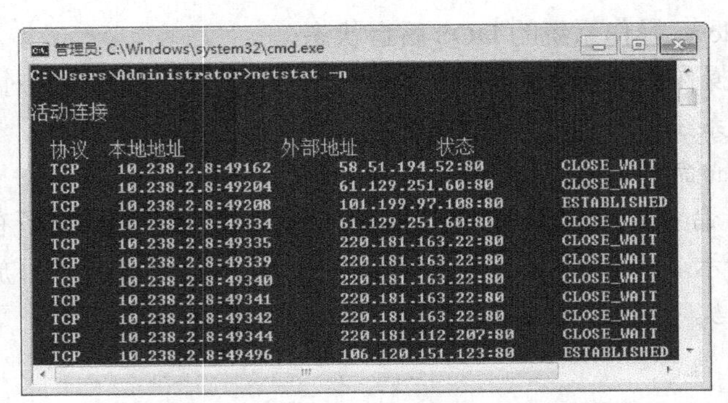

图 6-18　获取网络中计算机的 IP 地址信息

（3）使用 Netstat 命令检查端口使用情况。

针对网络运行故障，网络管理员想更清楚检查端口使用情况，排除端口冲突的问题，如查看“80 端口是否被占用？”“端口检查如何解决？”等问题，可通过使用 Netstat 命令中的“ano”参数。该参数信息可以帮助用户，获取目前都有哪些网络连接正在运作。

该参数的命令格式为：

```
netstat -ano。
```

可以查看本机目前所有端口使用情况，并且按端口号从小到大排列。如果本机 3000 端口有被调用，也会列出来，若没有就证明没被使用，如图 6-19 所示。

（4）检查端口 PID 信息。

在 MSDOS 的操作环境下，使用“netstat -ano”命令操作，显示计算机系统进程工作状态中，如图 6-20 所示，和 Netstat 命令之前操作显示结果相比，增加了“PID”号选项。

计算机操作系统中 PID 号，代表了系统中正在运行的各进程的进程 ID。PID 号就像生活中的身份证号码一样，代表了正在计算机 CPU 中运行的各项服务程序，代表了某一项进程。在计算机的操作系统中正在运行每一个进程只有一个 PID 号。

```
C:\Users\Administrator>netstat -ano

活动连接

  协议  本地地址              外部地址              状态           PID
  TCP    0.0.0.0:135           0.0.0.0:0             LISTENING       896
  TCP    0.0.0.0:445           0.0.0.0:0             LISTENING       4
  TCP    0.0.0.0:843           0.0.0.0:0             LISTENING       3028
  TCP    0.0.0.0:16000         0.0.0.0:0             LISTENING       3028
  TCP    0.0.0.0:49152         0.0.0.0:0             LISTENING       520
  TCP    0.0.0.0:49153         0.0.0.0:0             LISTENING       980
  TCP    0.0.0.0:49154         0.0.0.0:0             LISTENING       408
  TCP    0.0.0.0:49156         0.0.0.0:0             LISTENING       576
  TCP    0.0.0.0:49157         0.0.0.0:0             LISTENING       592
  TCP    10.238.2.7:139        0.0.0.0:0             LISTENING       4
  TCP    10.238.2.7:49161      61.184.100.52:80      CLOSE_WAIT      3028
  TCP    10.238.2.7:49638      117.71.17.121:80      CLOSE_WAIT      2800
  TCP    10.238.2.7:49639      117.71.17.121:80      CLOSE_WAIT      2800
  TCP    10.238.2.7:49700      42.120.190.5:80       CLOSE_WAIT      2800
```

图 6-19　查看所有端口使用情况

6．启动“任务管理器”监控本机端口状态

按键盘上【Ctrl+Alt+Del】组合键，可以启动“任务管理器”程序；还可以通过鼠标右键单击任务栏，在打开的快捷菜单中选择“任务管理器”方式，打开“Windows 任务管理器”界面，显示正在运行的“应用程序”、相关开启任务的“进程”等。操作显示的结果如图 6-20 所示。

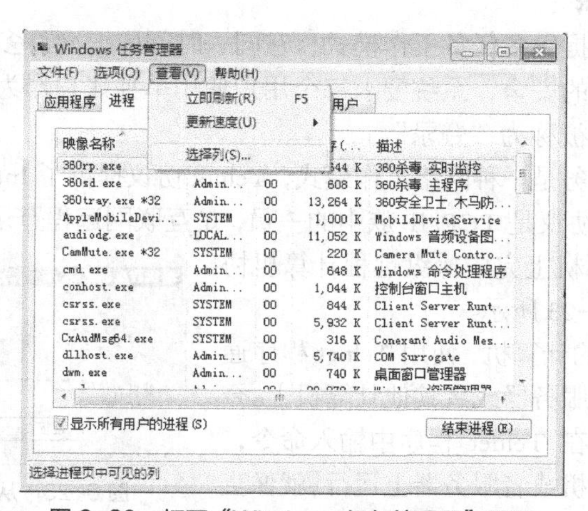

图 6-20　打开“Windows 任务管理器”界面

在调用的“Windows 任务管理器”界面上，选择“进程”选项，可以查看到 PID 号对应的占用服务，还能看到进程中的 PID 值，如图 6-21 所示。

如果网络管理员，希望显示目前正在运行的系统中，到底是哪个程序调用了 135 端口，通过以上操作能查询到相关信息，从而及时排除端口冲突的问题。

可以选择“进程”→“查看”→“选择列”，可以查看到 PID 号对应的占用服务，还能看到进程中的 PID 值，如图 6-22 所示。

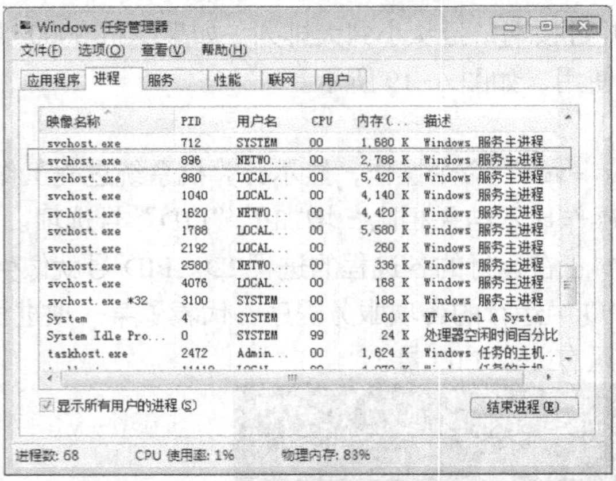

图 6-21　查看 PID 号对应服务

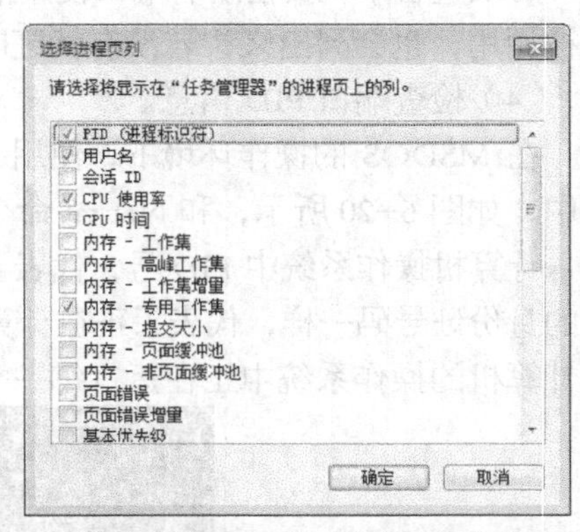

图 6-22　PID 进程值的详细信息

勾选上“PID（进程标识符）”选项，将在“任务管理器”中，显示 PID 进程号对应的信息内容。

6.6　了解本机开放端口

为了避免病毒程序侵入计算机，可以关闭计算机中绝大多数系统默认开启却又应用频率很低端口，可以大大提高计算机的安全性。

通常计算机上一些常用的开放端口，如 TCP 135、139、445、593 等端口，都是一些流行病毒及黑客希望利用的端口，黑客通过这些端口提供的“后门”可以顺利侵入计算机系统。

1. 什么是远程登录

计算机操作系统都提供多任务工作模式，在同一时间内，允许多个用户同时使用一台计算机。但为了保证系统的安全，系统要求每个用户使用单独账户作为登录标识，使用口令作为登录权限，这个过程被称为“登录”。

远程登录 Telnet 服务是一种网络工作模式，Telnet 协议提供了 Internet 远程登录，通过网络协同工作的模式。该协议是 TCP/IP 族中的一员，是互联网远程登录服务的标准协议，它为用户提供了在本地计算机上完成操纵远程计算机协同工作的能力，如图 6-23 所示。

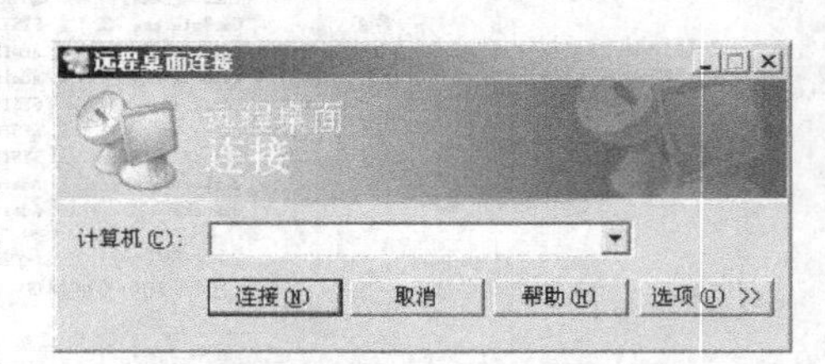

图 6-23　从本地远程登录远程桌面

接入到 Internet 中的计算机，使用 Telnet 程序通过网络连接到网络中的服务器或者其他计算机上。登录成功后，使用者通过在 Telnet 程序中输入命令，这些命令会在远程计算机或者服务器上运行，就像直接在本地服务器上输入一样。

2．远程登录安全问题

通过 Internet 进行远程登录的 Telnet 程序，本身没有很好的保护机制。

在 Internet 中，通过远程登录 Telnet 方式登录设备，主要面临的安全问题是没有口令保护。远程登录的用户在登录过程中，通过网络传送的账户和密码，都是明文传输，普通的 Sniffer 数据包捕获器软件都可以将其截获，因此没有很好的安全性，所以要借助其他外部的保护，才能确保远程登录的安全。

3．远程非法入侵的方式

网络中的黑客在入侵网络时，一般首先都利用端口扫描工具，搜集目标计算机所在的网络和目标计算机的端口信息，进而发现目标系统的脆弱点。

然后，根据脆弱点展开攻击；或者采用远程登录工具，不断尝试和远程主机连接，探测远程登录远程主机的账户和密码，侵入网络中的主机系统。

总结网络安全事件发生情况，网络中的非法入侵的方式可粗略分为 4 种：

- 扫描端口，通过已知的系统漏洞（BUG），攻入主机系统；
- 种植木马，利用木马开辟的后门，侵入主机系统；
- 采用数据溢出手段，迫使主机提供后门，侵入主机系统；
- 利用某些软件设计的漏洞，直接或间接控制主机系统。

其中，非法入侵主机的主要方式是前两种，尤其是网络入侵者会利用一些流行的黑客工具软件，通过第一种方式攻击主机的情况最多，出现的案例也最为普遍。而针对后两种方式来说，只有一些手段高超的黑客才利用；而且只要这两种问题一出现，软件服务商很快就会提供补丁，及时修复系统漏洞，堵住后门。

对于网络中的个人用户来说，可通过限制个人计算机上所有不常用的开放端口，也即让用户计算机对外不提供任何服务方式来保护系统安全。

而对于那些需要对外提供网络服务的计算机或者服务器而言，只需要把必须提供网络服务的端口（如 WWW 端口 80，FTP 端口 21，邮件服务端口 25、110 等）开放，其他的端口则全部关闭。

4．常用的开放端口安全漏洞

相信很多使用微软的 Windows 操作系统的用户都中过冲击波病毒，该病毒就是利用远程登录过程，调用协议 RPC（它是一种通过网络从远程计算机程序上请求服务）的漏洞来攻击网络中的计算机。

Windows 操作系统提供 RPC 服务，本身在处理通过 Internet 通信 TCP/IP 的消息交换时，存在部分安全漏洞，该漏洞是由于错误地处理格式不正确的消息造成的，也是 Windows 操作系统设计过程中的 BUG。

网络中的黑客利用了该漏洞，大肆侵入 Windows 操作系统的计算机用户。

因此，针对常用开放端口安全漏洞的安全的操作建议是：为了避免冲击波病毒的攻击，建议关闭这些开放端口。

5．远程非法入侵开放端口

默认情况下，Windows 操作系统的大部分标准端口都是对 Internet 上所有的用户开放，以帮助用户最大程度地体验 Internet 资源。但在使用 Internet 络的过程中，网络病毒程序及黑客常常通过这些开放的端口，尝试连上网络中的用户计算机，侵入用户的计算机系统。

为了让网络中的用户计算机系统变成“铜墙铁壁”，应该封闭这些常用的开放端口。Windows 操作系统上容易形成漏洞的端口主要有：提供 TCP 服务的 135、139、445、593、

1025 端口和提供 UDP 服务的 135、137、138、445 端口，一些流行病毒的后门端口（如 TCP 2745、3127、6129 端口），以及远程服务访问端口 3389 等。

下面重点介绍下几个常用端口的基本功能。

- 135 端口

该端口主要提供：Location Service、微软 DCE RPC end-point mapper 服务。

说明：微软在这个端口运行 DCE RPC end-point mapper 服务，为它的分布式组件对象模式 DCOM 提供服务。利用这个接口，客户端程序对象能够请求来自网络中另一台计算机上的服务器程序对象。使用 DCOM 和 RPC 的服务，利用计算机上的 end-point mapper 注册它们的位置。远端客户连接到计算机时，它们查找 end-point mapper 服务，才能找到服务的位置。网络中的黑客扫描到目标计算机这个端口后，就是为了找到这台计算机上运行 Exchange Server 是什么版本，然后采用 DDoS 分布式攻击方式，直接针对这个端口实施攻击。

- 137、138、139 端口

该端口主要提服务为：NETBIOS Name Service。其中：

TCP 137=微软 NetBIOS Name 服务（网上邻居传输文件使用）；

TCP 138=微软 NetBIOS Name 服务（网上邻居传输文件使用）；

TCP 139=微软 NetBIOS Name 服务（用于文件及打印机共享）。

说明：其中 137、138 是 UDP 端口，当同一网络中的计算机之间，通过网上邻居传输文件时，通常需要使用到这个端口。而 139 端口主要提供的服务是：通过这个端口进入的连接，试图获得 NetBIOS/SMB 服务，这个协议被用于 Windows 文件和打印机共享。

6.7 采用 IP 安全策略，关闭本机开放端口

默认情况下，微软的 Windows 操作系统中有很多默认的标准端口都对 Internet 上的用户开放，因此在使用网络的时候，网络病毒和黑客就有可能通过这些端口侵入计算机。

为了保证网络中重要的计算机系统安全，应该封闭这些开放的、不常用的端口，主要有：TCP 135、139、445、593、1025 端口，UDP 135、137、138、445 端口。

通过实施以下步骤，查看本地的安全策略。

（1）启动计算机的“本地安全策略”。

单击计算机系统的“开始”菜单，依次选择：“开始”→“控制面板”→“管理工具”，打开系统的“管理工具”窗口，双击打开“本地安全策略”制订窗口，如图 6-24 所示。

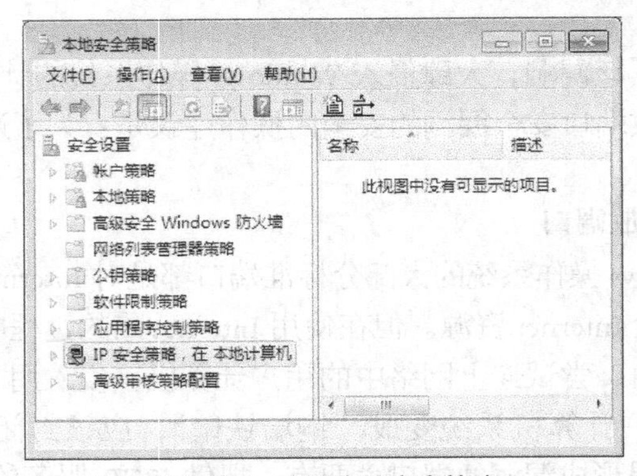

图 6-24　启动本地安全策略

（2）创建“新 IP 安全策略”名称。

在“本地安全策略”窗口中，选中左侧“安全设置”列表栏中的“IP 安全策略，在本地计算机”选项；再在右栏的空白处，右击鼠标，选中快捷菜单中选择“创建 IP 安全策略…”，启动“IP 安全策略向导”，如图 6-25 所示。

在打开的“IP 安全策略向导”中，单击“下一步”按钮，将新“IP 安全策略名称”命名为：封闭开放端口安全策略。如图 6-25 所示。

命名完成后，按“下一步”按钮，打开“安全通讯请求”对话框，完成安全通信请求配置。

首先，把“激活默认响应规则”复选框勾选掉，再单击“完成”按钮，创建完成一个新的“封闭开放端口安全策略”的 IP 安全策略，如图 6-26 所示。

在“下一步”按钮中，勾选“编辑”复选框，单击“确定”按钮，返回图 6-25 所示“本地安全策略”窗口；否则，直接进入以下“添加新的规则”编辑状态。

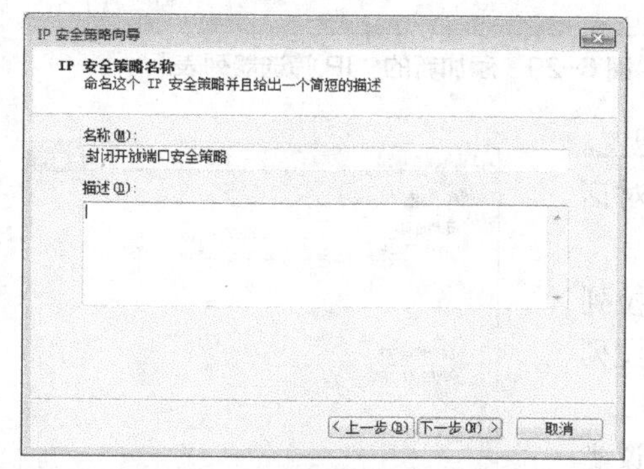

图 6-25　IP 安全策略向导

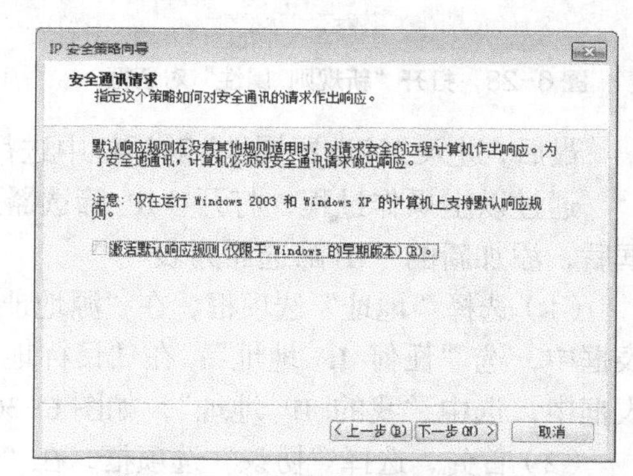

图 6-26　配置安全通信请求

（3）添加新的规则。

返回图 6-25 所示“本地安全策略”窗口，选中新创建“封闭开放端口安全策略”，右击打开快捷菜单，选择“属性”菜单，编辑“封闭开放端口安全策略”新 IP 安全策略属性。

首先，把右下角“使用添加向导”复选框勾选去掉，再单击“添加”按钮，添加新的规则的属性，如图 6-27 所示。

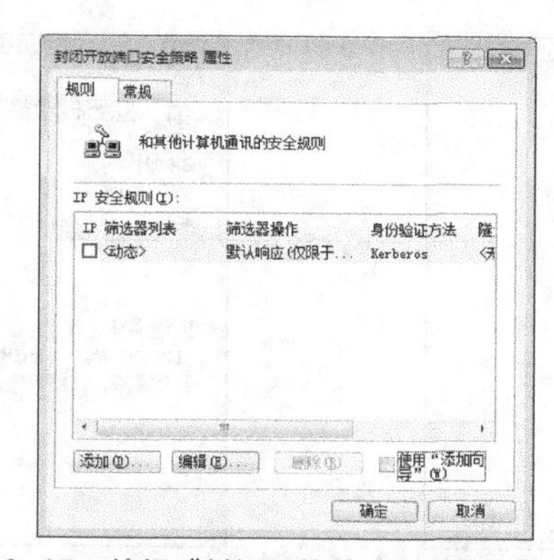

图 6-27　编辑“封闭开放端口安全策略”属性

其次，在弹出“新规则 属性”对话框中，单击“添加…”按钮，弹出“新 IP 筛选器列表”窗口，如图 6-28 所示。

在“IP 筛选器列表”对话框中，首先，把“使用添加向导”左边的勾选去掉；再修改名称为“屏蔽 TCP-135”（也可使用默认名称）；最后，单击“添加”按钮，添加新的筛选器，如图 6-29 所示。

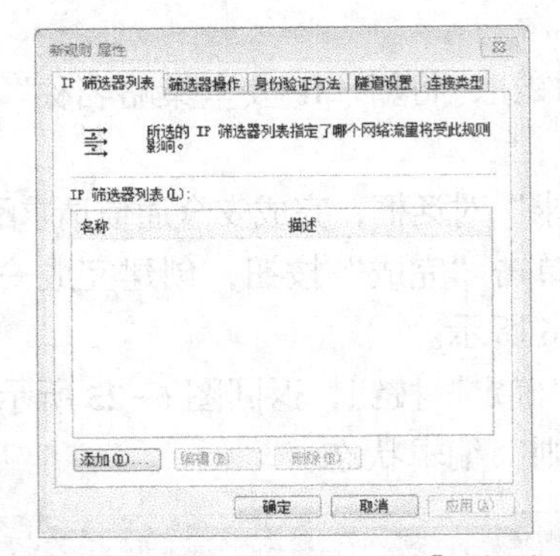

图 6-28　打开“新规则 属性”对话框

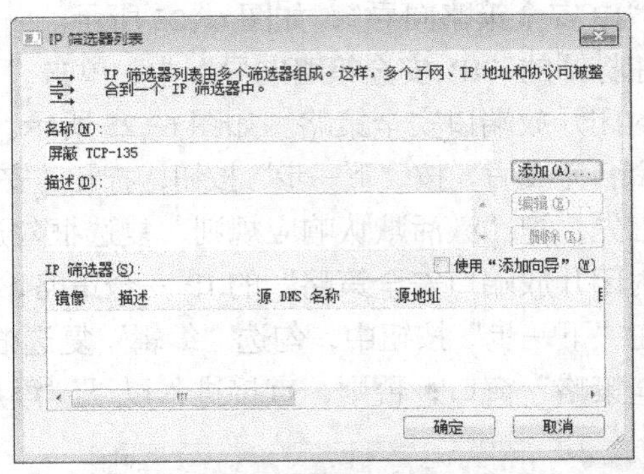

图 6-29　添加新的“IP 筛选器列表”

最后，进入“筛选器属性”对话框中进行如下配置。

通过以上操作过程，打开“IP 筛选器列表”对话框后，添加新的“IP 筛选器列表”。

（1）选择“地址”选项框，在“源地址”的下拉列表框中，选“任何 IP 地址”；在“目标地址”下拉列表框中，选中“我的 IP 地址”，如图 6-30 所示。

（2）首先，选择“协议”选项框，在“选择协议类型”的下拉列表中，选择“TCP”。

然后，设置 IP 协议端口，分别勾选“从任意端口”“到此端口”单选框。

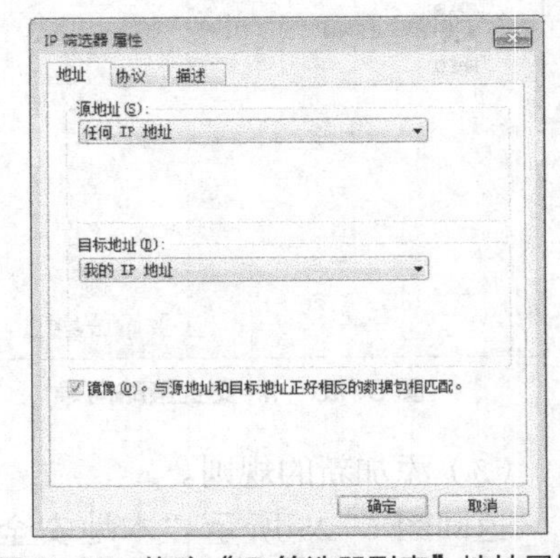

图 6-30　修改“IP 筛选器列表”地址属性

在“到此端口”选项的文本框中，输入“135”端口号，如图 6-31 所示，最后单击“确定”按钮，返回。

通过以上步骤，就在本机上添加了一个“屏蔽 TCP 135（RPC）端口”的 IP 筛选器，它可以防止外界计算机通过本机上 135 端口连上个人计算机，如图 6-32 所示。

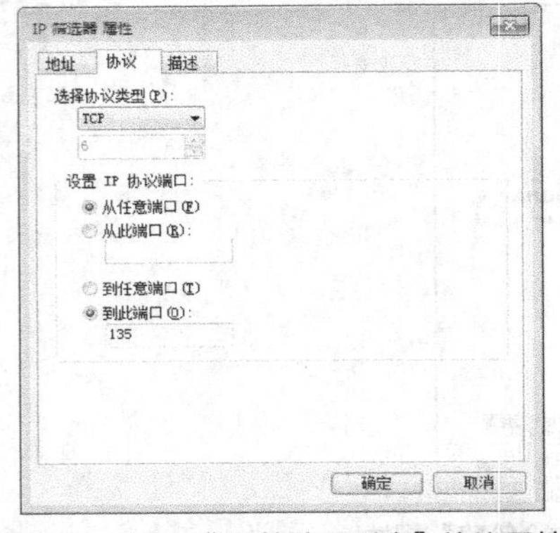

图 6-31　修改“IP 筛选器列表”协议属性

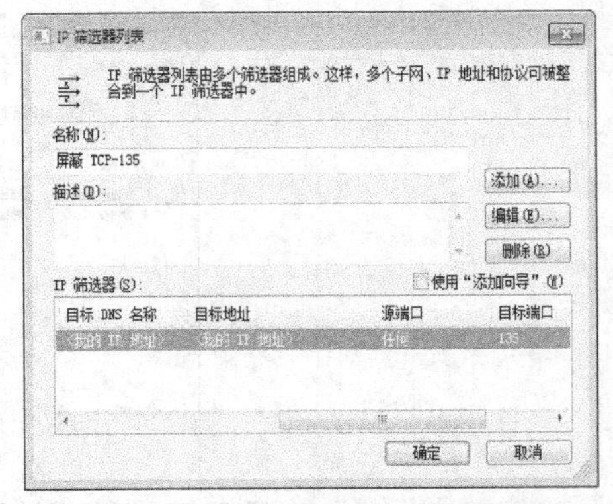

图 6-32　完成“IP 筛选器列表”属性编辑

单击“确定”按钮后，回到“IP 筛选器列表”的对话框，可以看到之前图 6-32 显示的“新规则属性”对话框。其中，在“IP 筛选器列表”的列表框中“新规则 属性”空白处，已经添加了一条策略，如图 6–33 所示。

重复以上步骤，继续添加屏蔽 TCP 137、139、445、593 端口和 UDP 135、139、445 端口的“IP 安全策略”，并分别为这些 TCP 端口和 UDP 端口，建立相应的“IP 筛选器列表”筛选器安全规则。

（3）激活新添加 IP 安全策略。

在图 6–29 所示的“新规则 属性”对话框，进行如下配置，激活新添加安全规则。

- 在“IP 筛选器列表”选项卡中，选中新添加 IP 筛选器列表名称为“屏蔽 TCP–135”单选框，勾选上该单选框，激活新添加安全规划，如图 6–34 所示。
- 在“筛选器操作”选项卡：先勾选去掉“使用添加向导”复选项，再单击“添加...”按钮，打开“新筛选器操作 属性”对话框，如图 6–34 所示。

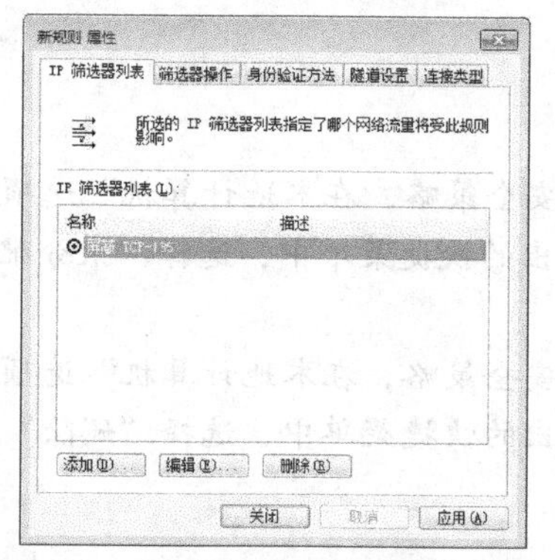
图 6–33 配置完成“新规则 属性”策略

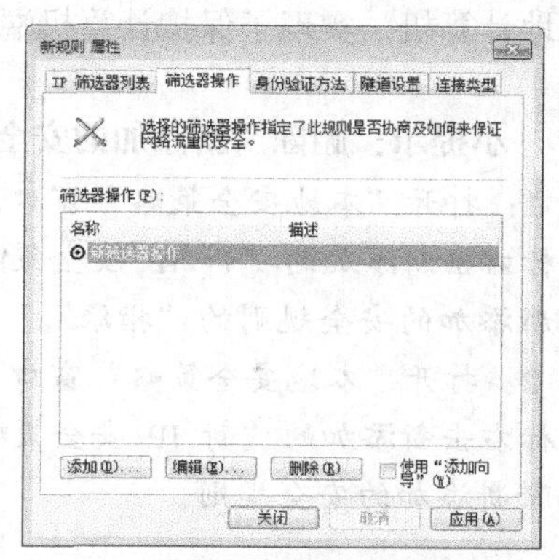
图 6–34 配置“筛选器操作”

在“新筛选器操作 属性”的对话框中：勾选中“阻止”单项框，单击“确定”按钮，完成阻塞端口的 IP 安全策略配置，如图 6–34 所示。

完成以上操作，按“应用”按钮，返回图 6–38 所示“新规则 属性”对话框。

查看名称为“屏蔽 TCP–135”已经激活。该项单项框左边圆圈会加一个点，表示已经激活。单击“应用”按钮后，关闭上述操作过程。

最后，返回如图 6–27 所示“封闭开放端口安全策略 属性”对话框。

查看在“封闭开放端口安全策略 属性”对话框，通过以上步骤的操作，在“IP 安全规则”栏，勾选中新增加“屏蔽 TCP–135”IP 新筛选器操作项，按“应用”按钮启用。

最后，按“确定”按钮，关闭对话框，如图 6–36 所示。

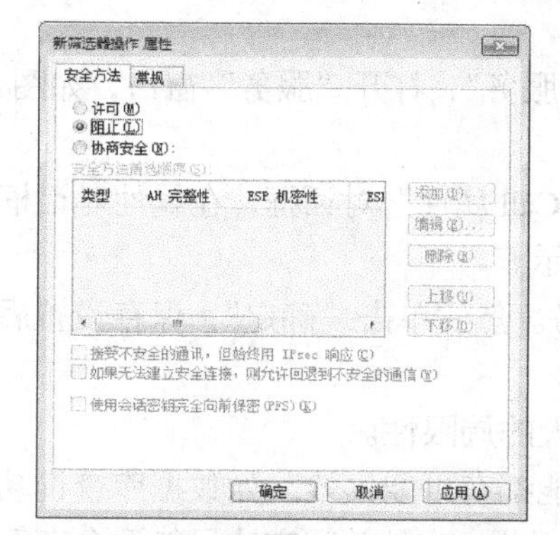
图 6–35 配置阻塞端口 IP 安全策略

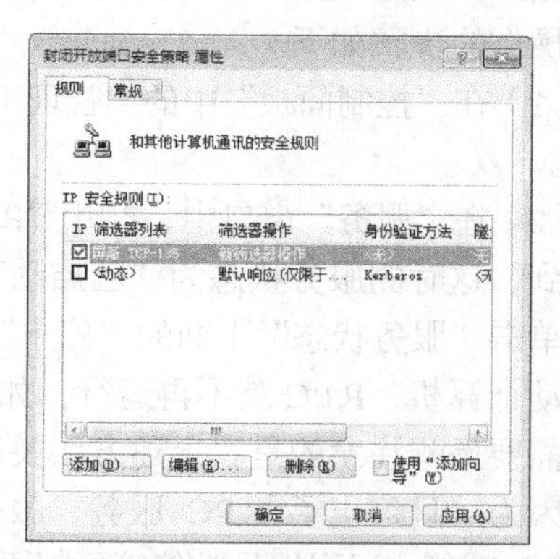
图 6–36 激活“屏蔽 TCP–135”新筛选器操作项

（4）指派新添加的安全规则。

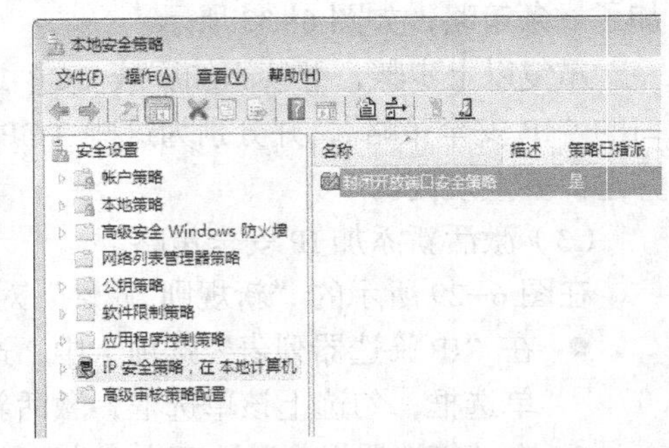

图 6-37 完成新添加安全规则“指派”

返回到图 6-24 所示“本地安全策略”窗口。

在左侧的安全设置栏中，选择“IP 安全策略，在本地计算机”选项，在该选项右边窗格中，用鼠标右击“封闭开放端口安全策略”项，在弹出快捷菜单中，选择“分配”菜单，即完成新添加安全规则“指派”操作，如图 6-37 所示。

重新启动计算机后，计算机中上述网络端口将按照指定的安全策略被关闭，从而避免病毒或者黑客利用微软操作系统这些开放端口的安全漏洞，非法侵入本地计算机，实现了保护计算机端口安全。

小提示：删除“新添加的安全规则”

方法 1：打开“本地安全策略”窗口，在“IP 安全策略，在本地计算机”选项右边窗格中，用鼠标右击新添加的“新 IP 安全策略”，在弹出的快捷菜单中，选择“未分配”菜单，即可取消新添加的安全规则的“指派”。

方法 2：打开“本地安全策略”窗口，在“IP 安全策略，在本地计算机”选项右边窗格中，用鼠标右击新添加的“新 IP 安全策略”，在弹出的快捷菜单中，选择“删除”菜单，即可彻底删除新添加的安全规则。

6.8 关闭 RPC 服务，防范来自 135 端口的攻击

如上所述，Windows 操作系统的 135 端口在系统默认的 5 个典型开放端口中用途最为复杂，也最容易引起来自外部的攻击。

该端口对应的 RPC 服务，是 Windows 操作系统使用的一个远程过程调用协议。RPC 提供了一种进程间的通信机制，通过这一机制，允许在某台计算机上运行的程序顺畅地在远程系统上执行代码。

攻击者利用该漏洞，在受影响的系统上，以本地系统权限运行代码，可执行任何操作，包括：安装程序，查看、更改或者删除数据，或者建立系统管理员权限的账户。避免这种危险的最好办法是关闭 RPC 服务。

操作的步骤如下。

（1）在“控制面板”中的“管理工具”中，选择“服务”，打开“服务”窗口，如图 6-38 所示。

（2）在“服务”窗口中，打开“Remote Procedure Call 属性”对话框，在属性对话框中可以看到，这时的服务状态为“已启动”，如图 6-39 所示。

单击“服务状态”下面的“停止”按钮禁用该服务。然后单击“确定”，保存设置后，重新启动计算机，RPC 就不再运行，如图 6-40 所示。

需要提醒注意的是：上述方法关闭 135 端口有很大的局限性。

因为一旦停止了 RPC 服务，服务器中的许多功能都有可能失效，如数据库查询功能、Outlook 功能、远程拨号功能等，都不能正常工作了。因此，这种关闭方法只能适合在简单的

Web 服务器或 DNS 服务器中使用。

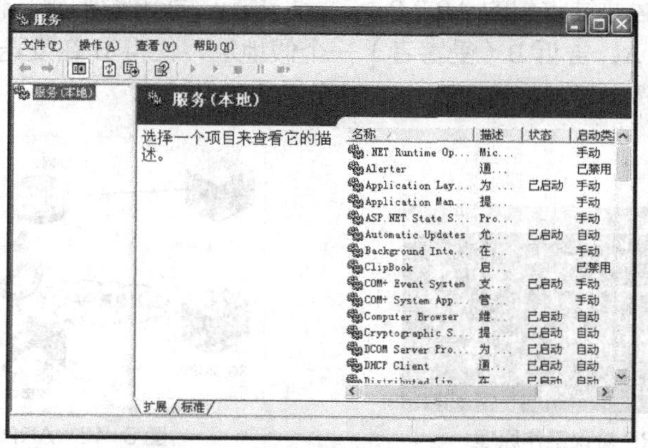

图 6-38　打开系统“服务”窗口

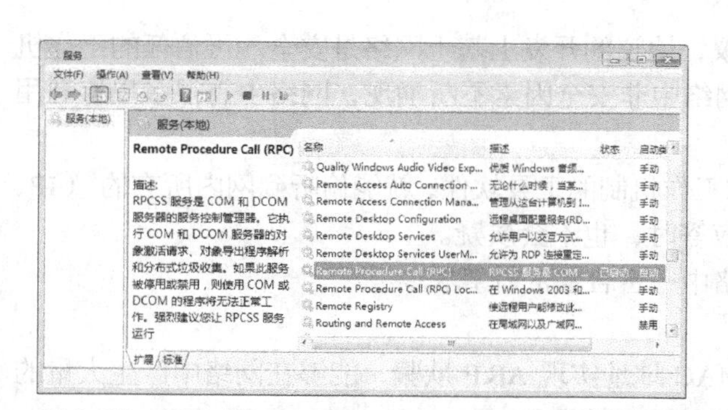

图 6-39　打开“Remote Procedure Call 属性”对话框

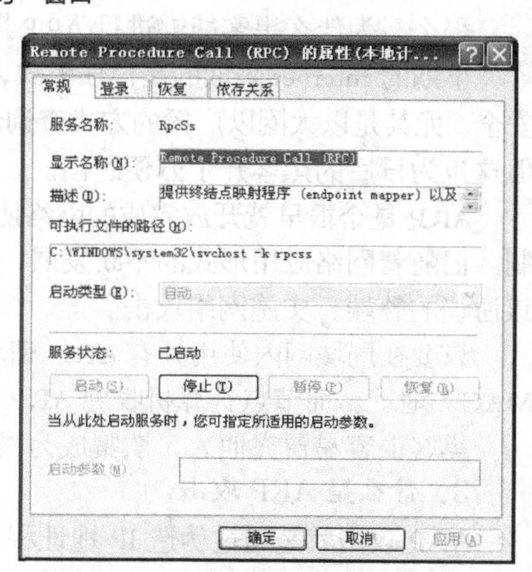

图 6-40　禁止 RPC 服务运行

6.9　了解 ARP 攻击基础知识

1. 什么是 ARP

当在浏览器里面输入要访问的网络字符地址时，如：www.qq.com.cn，网络中的 DNS 服务器会自动把输入的字符地址，解析为网络中的 IP 地址，浏览器通过查找 IP 地址，而不是输入的字符网址访问互联网。然后，再根据 IP 地址寻找在所在网络中的具体设备，也即寻找具体计算机设备的硬件地址。

那么根据网络的 IP 地址，如何能查找到对应计算机设备的第二层物理地址（即 MAC 地址）呢？

在局域网中，这是通过 ARP 协议来完成。ARP 协议能根据 IP 地址查找到相应设备的网卡物理地址。

ARP 协议的基本功能就是通过目标设备的 IP 地址，查询目标设备的 MAC 地址，以保证网络中主机设置之间的通信正常进行，如图 6-41 所示。

2．什么是 ARP 欺骗

在局域网中，黑客通过收到的 ARP Request 广播包，能够偷听到其他节点的（IP，MAC）地址。黑客就伪装为 A，告诉 B（受害者）一个假地址，使得 B 在发送给 A 的数据包都被黑客截取，而 A、B 都浑然不知，如图 6-42 所示。

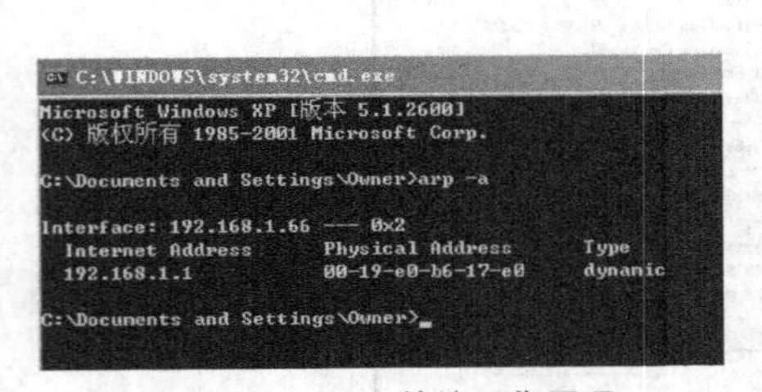

图 6-41　ARP 协议工作原理

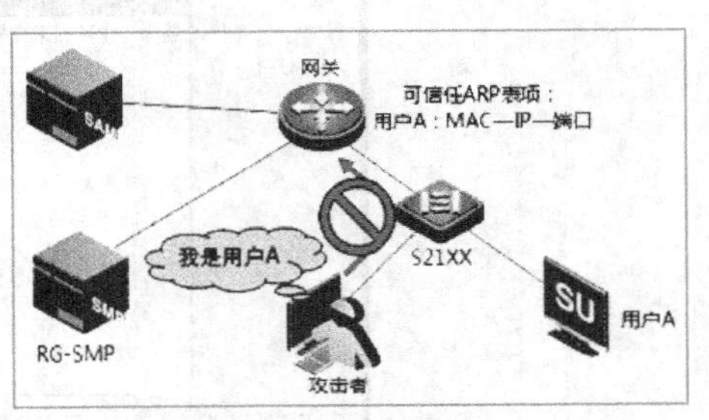

图 6-42　ARP 欺骗过程

那么，为什么黑客能够进行 ARP 欺骗?

早期的 Internet 采取的是信任模式，在科研机构内部使用，追求功能、速度，没考虑网络安全。尤其是以太网以广播的方式查询信息的特点，能够很快又很方便地查询到目标计算机，但这也为日后的黑客开了方便之门。

ARP 是个很早就开放完成的网络协议，协议的开发上基于网络是安全、可信任的工作机制。但随着网络应用形式的不断发展，网络中非安全因素不断涌现，网络中有很多黑客利用该协议的弊端，实施网络攻击。

只要在局域网内使用具有 ARP 请求工作机制的工具软件，就能偷听到网内所有的（IP、MAC）地址。而节点计算机收到 ARP 应答时，也不会质疑。

黑客很容易冒充他人，欺骗成为网络中一台合法的计算机。

3．什么是 ARP 攻击

ARP 攻击就是通过伪造 IP 地址和 MAC 地址实现 ARP 欺骗，能够在网络中产生大量的 ARP 通信量，使网络阻塞。攻击者只要持续不断地发出伪造的 ARP 响应包，就能更改目标主机 ARP 缓存中的 IP-MAC 条目，造成网络中断或中间人攻击。

ARP 攻击主要是存在于局域网网络中，局域网中若有一台计算机感染 ARP 木马，则感染该 ARP 木马的系统，将会试图通过“ARP 欺骗”手段，截获所在网络内其他计算机的通信信息，并因此造成网内其他计算机的通信故障，图 6-43 所示 360 防火墙监控到的 ARP 攻击 IP。

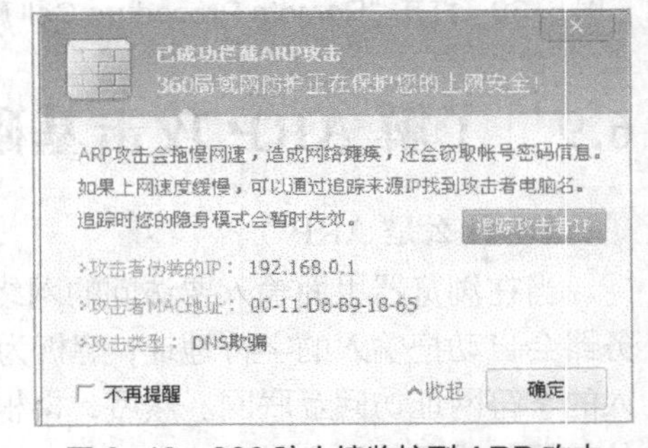

图 6-43　360 防火墙监控到 ARP 攻击

6.10　使用防火墙防御网络攻击

1．什么是防火墙

防火墙是一个位于内部网络与 Internet 之间的网络安全系统，是按照一定的安全策略，建立起来硬件和（或）软件有机组成体，以防止黑客攻击，保护内部网络安全运行。

网络防火墙通过对计算机网络通信请求及传输的数据进行监控，阻止有可能对计算机造成威胁的访问，有效避免黑客的入侵或者其他病毒的攻击。防火墙只允许经过用户许可的网络通讯进行传输，而阻断其他任何形式的网络访问。

硬件防火墙可以被安装在一个单独的路由器中，用来过滤不想要的信息包，也可以被安装在路由器和主机中，发挥更大的网络安全保护作用，用来保护整个计算机网络系统安全，图 6-44 所示就是一台安装在网络中心的防火墙设备。

软件防火墙单独使用软件系统来完成防火墙功能，将软件部署在系统主机上，其安全性较硬件防火墙差，同时占用系统资源，在一定程度上影响系统性能。它一般安装在个人计算机上，主要保护个人计算机系统安全，图 6-45 所示为保护个人计算机系统的软件防火墙。

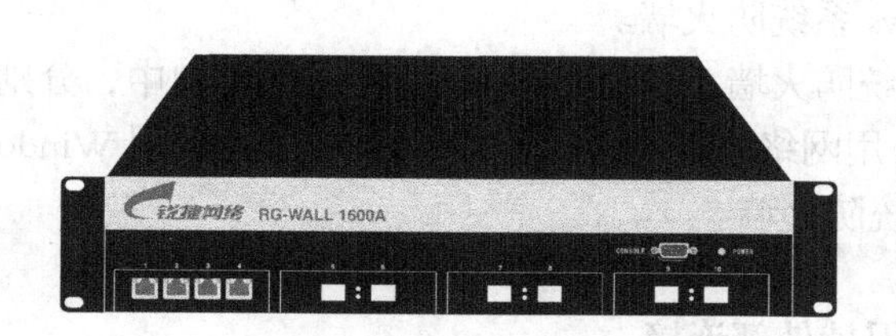

图 6-44　保护网络安全的防火墙设备

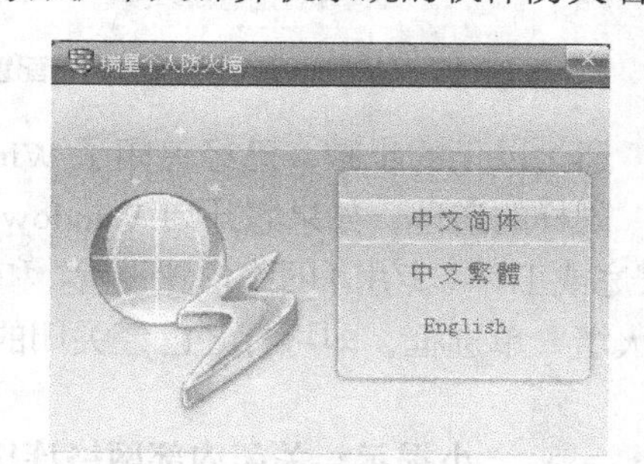

图 6-45　保护计算机系统安全防火墙软件

2．什么是系统防火墙

微软的操作系统软件从 Windows XP 操作系统开始，就自带防火墙系统。这些操作系统自带的防火墙系统，是一项协助计算机系统正常工作、确保计算机上信息系统安全的软件程序。

系统防火墙也和硬件防火墙设备或者防火墙软件程序一样，能依照特定的规则，开放或者封闭相关的端口，允许或是限制传输的数据通过。

系统防火墙在操作形式上与网络防火墙相似，但针对的目标却完全不同。

系统防火墙拦截或阻断的是所有对操作系统构成威胁的操作，比如对系统目录或系统文件进行的添加、修改、删除，或者对注册表的修改等。阻止了所有针对系统所进行的破坏操作，自然也就能够保障系统正常而稳定的运行。

3．配置 Windows 系统防火墙

在日常使用计算机的过程中，为了节省系统运行压力，在确认网络安全保障的情况下，可以通过关闭系统防火墙配置来提高计算机的运行速度。

此外，在局域网的测试环境中，需要使用 Ping 命令，测试和对方计算机网络连接的连通状况，也需要关闭系统防火墙。因为系统防火墙为保护系统安全需要，会屏蔽 Ping 命令探测网络端口。

（1）关闭系统防火墙程序。

依次单击 Windows 7 系统的“开始”→“控制面板”→“系统和安全”→“Windows 防火墙”，打开配置 Windows 防火墙窗口，如图 6-46 所示。

选择左侧的“打开或关闭 Windows 防火墙”选项，打开系统防火墙配置窗口，如图 6-47 所示。

分别在“家庭或工作（专用）网络位置设置”和“公用网络位置设置”选项中，勾选上“关闭 Windows 防火墙”单选框，即可关闭系统防火墙。

除非因为特殊操作需要，从保护本机系统安全角度出发，微软的 Windows 系统不建议、不推荐“关闭系统防火墙”操作。

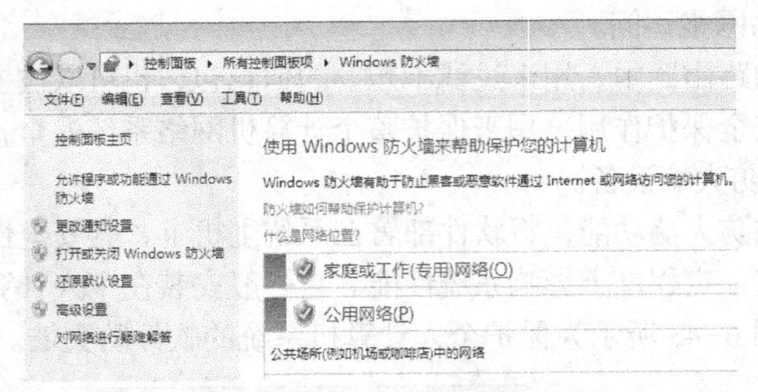

图 6-46　Windows 7 系统防火墙配置窗口

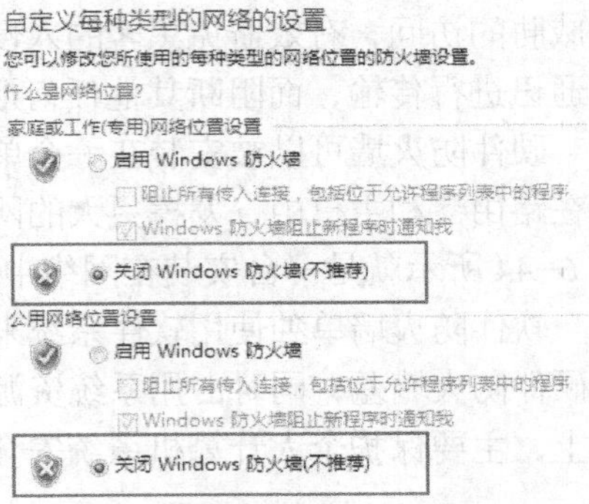

图 6-47　关闭 Windows 系统防火墙

通过以上的步骤，已经关闭了 Windows 系统防火墙。

同样的道理，如果想开启 Windows 系统防火墙，只要在图 6-47 所示的窗口中，分别在“家庭或工作（专用）网络位置设置”和“公用网络位置设置”选项中，勾选上“启用 Windows 防火墙”单选框，即可打开已经关闭的系统防火墙。

小提示：关闭内部网络连接，保持外部连接

Windows 系统默认为所有网络连接启用防火墙，并根据网络类型自动配置防火墙，以满足不同的使用需求。

然而，家庭网络或小型办公网络使用防火墙，可能会妨碍资源共享，导致其他计算机无法发现自己的计算机等问题。这时可以关闭内部网络连接的防火墙，但仍保持外部连接的防火墙处于启用状态配置。

（2）配置允许通过系统防火墙程序。

依次单击 Windows 7 系统的“开始”→“控制面板”→“系统和安全”，打开配置系统和安全窗口，如图 6-48 所示。

图 6-48　“系统和安全”配置窗口

在图 6-48 所示“Windows 防火墙”配置窗口上，选择“允许程序通过 Windows 防火墙”选项，打开图 6-49 所示的“允许程序通过 Windows 防火墙通信”的配置窗口。

如果希望允许通过的程序和功能，不在列表项中。按图 6-49 右下角的“允许运行另一程序...”按钮，打开图 6-50 所示的窗口，添加已经安装完成的程序，通过系统防火墙允许通过操作配置。

（3）配置系统防火墙高级安全功能。

在图 6-46 所示系统防火墙配置窗口上，选择左侧列表中的“高级设置”选项，打开图 6-51 所示的“高级安全 Windows 防火墙”配置窗口。

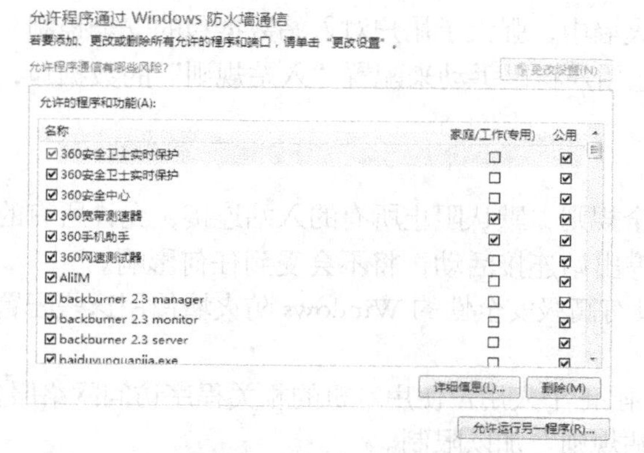

图 6-49　配置允许程序和功能通过 Windows 7 防火墙

图 6-50　允许程序通过 Windows 7 防火墙

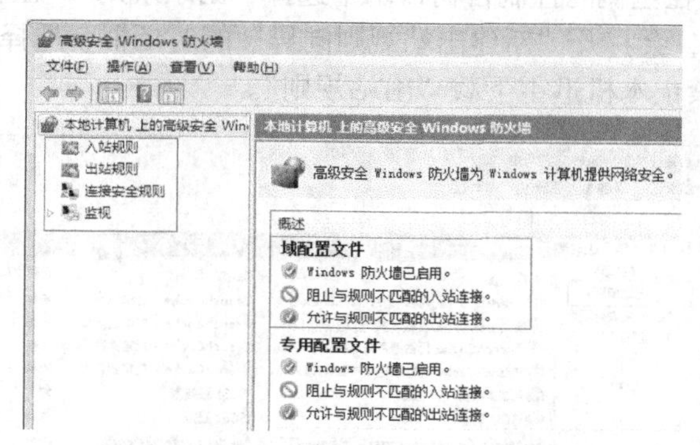

图 6-51　配置高级安全 Windows 防火墙

在 Windows 7 以上版本系统防火墙中，高级安全功能支持系统双向保护。

也就是说，它将防火墙规则分为两个部分，分别是“入站规则”和“出站规则”。高级安全 Windows 防火墙默认是对内阻止，对外开放（只能“我”传染别人，不允许别人传染“我”）。系统防火墙的 Windows 高级安全功能默认开启。

- 入站规则

当一个数据包传达给计算机时，防火墙先检查自己的入站规则：如果符合标准，则可以通过；如果不符合规则中指定的操作，则丢弃该数据包，并在防火墙日志中创建响应条目。

如图 6-52 所示，选择左侧的“入站规则”选项，在右侧的分栏中显示系统默认，对相关软件开启的入站规则。

选择右侧操作栏中的“操作”→“新规则”按钮，即可完成针对新加入功能或者服务，进入系统的安全规则匹配操作。

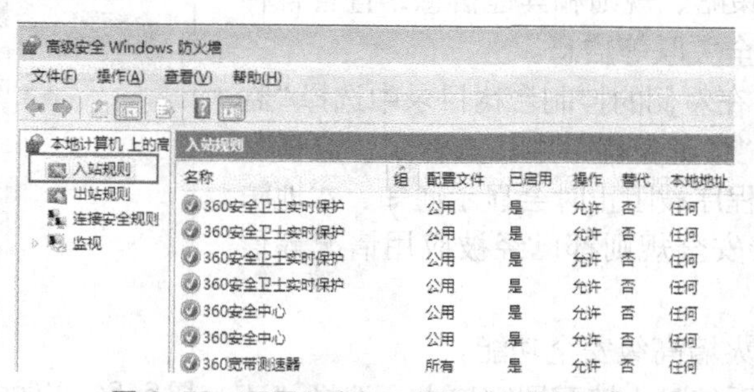

图 6-52　配置程序和服务的“入站规则”

在 Windows 7 以上版本的高级安全防火墙中，强大了用户对入站数据包的安全控制，外界的主动入站连接都将被禁用，并且可以让用户自己手动来配置“入站规则”的数据包，为系统安全提供有力的保障。

- 出站规则

Windows 7 以上版本的高级防火墙安全规则，默认阻止所有的入站连接，允许所有的出站连接。这样保障用户在浏览网页、下载等出站连接活动，将不会受到任何影响。

如果没有更改配置文件的设置，只要具有高级安全性的 Windows 防火墙使用这些配置文件，都会应用其默认值。

但在多用户的公用计算机上，如果需要阻止个人用户使用本机的相关程序访问网络服务，如禁止本机迅雷下载功能，可以设置“出站规则”加以限制。

如图 6-53 所示，在左侧的控制台树目录中选择“出站规则”，在右侧的“操作”窗格中单击“新规则”。此时，会打开“新建出站规则向导”的对话框，选择“程序”，单击“下一步”按钮，即可配置禁止本机迅雷下载“出站规则”。

图 6-53　配置程序和服务的“出站规则”

小提示：入站规则和出站规则的区别

在 Windows 7 以上版本的高级安全防火墙中，“入站规则”和“出站规则”设置的方法是一模一样，只是要搞清楚什么时候用到入站？又什么时候用到出站？

举一个简单例子：本机开通了 FTP 服务，作为 FTP 的服务端需要对外提供 FTP 服务，那么若要允许外面主机访问到本机 FTP 服务，这里需要在“入站规则”里，设置允许 20 或 21 端口允许进来，所以从外到内访问称入站。相反地，若不允许本机访问外面 FTP 服务，就需要在出站口阻止掉 20 或 21 端口。

- 监视

Windows 7 系统防火墙中的“监视”功能，用来监视、查看当前应用的策略、规则和其他信息，查看各种规则的工作状态和安全关联等信息。

如图 6-54 所示，在左侧的控制台树目录中选择“监视”，可以在中间的“详细窗格”中，查看到“监视”设置的具体内容：如程序被阻止时会显示通知、本地防火墙规则和本地连接安全规则都已经被应用情况等信息提示和说明信息。

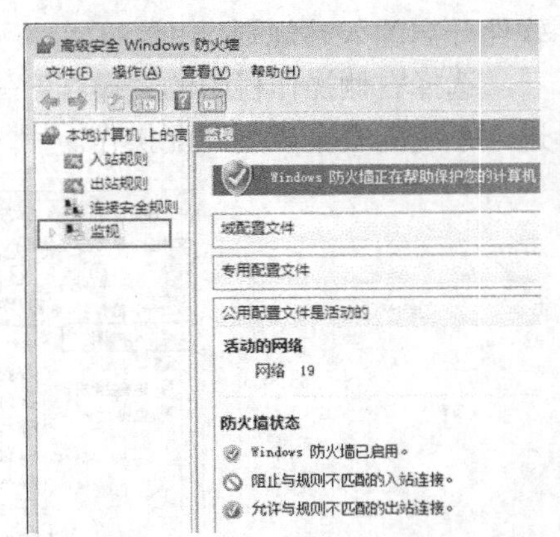

图 6-54　Windows 系统防火墙监视内容

（4）还原系统防火墙高级安全功能。

在图 6-47 所示系统防火墙配置窗口上，选择“还原默认配置”选项，可以清除针对系统安全配置 Windows 系统安全操作，把 Windows 系统防火墙恢复到“出厂”状态。

【任务实施 1】 使用 Wireshark 工具查看 ARP 攻击

Wireshark（前称 Ethereal）是一个网络数据包分析软件，该软件的主要功能是抓取网络传输的数据包，并尽可能详细地显示出捕获到数据包的信息（如使用的协议，IP 地址，物理地址，数据包的内容），如图 6-55 所示。

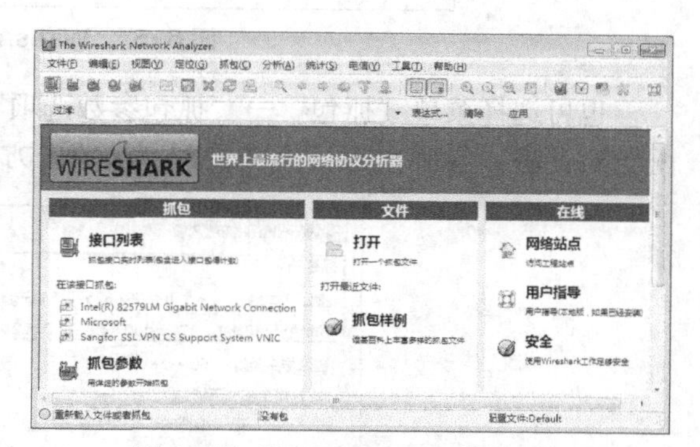

图 6-55 Wireshark 工具软件界面

Wireshark 是网络管理和维护及开发人员经常使用的网络安全分析工具软件。使用 Wireshark 的主要目的有：

网络管理员使用 Wireshark 来检测网络问题；网络安全工程师使用 Wireshark 来检查资讯安全相关问题；开发者使用 Wireshark 来为新的通信协定除错；普通使用者使用 Wireshark 来学习网络协定的相关知识；当然，黑客也会“居心叵测”地用它来寻找一些敏感信息……

Wireshark 不是入侵侦测系统，对于网络上产生的异常流量行为，Wireshark 不会产生警示或是任何提示。然而，仔细分析 Wireshark 捕获的数据包信息，能够帮助网络管理和维护人员，对于网络行为有更清楚的了解。

Wireshark 不会对网络封包产生内容的修改，它只会反映出目前流通的封包资讯。Wireshark 本身也不会送出封包至网络上。

（1）测试攻击双方的网络连通状况。

首先，在本机上使用“Ping”命令，先测试“攻击方”和“被攻击方”的网络连通状态。

打开“开始”→“运行”，在“运行”对话框中输入“cmd”命令，转到系统的 DOS 工作状态。然后再使用 Ping 命令打开网络连通测试：ping 10.238.2.254 。

```
管理员: C:\Windows\system32\CMD.exe - ping  10.238.2.254 -t

C:\Users\Administrator>ping 10.238.2.254 -t

正在 Ping 10.238.2.254 具有 32 字节的数据:
来自 10.238.2.254 的回复: 字节=32 时间=1ms TTL=255
来自 10.238.2.254 的回复: 字节=32 时间=1ms TTL=255
来自 10.238.2.254 的回复: 字节=32 时间=1ms TTL=255
来自 10.238.2.254 的回复: 字节=32 时间=1ms TTL=255
来自 10.238.2.254 的回复: 字节=32 时间=1ms TTL=255
来自 10.238.2.254 的回复: 字节=32 时间=1ms TTL=255
来自 10.238.2.254 的回复: 字节=32 时间=1ms TTL=255
来自 10.238.2.254 的回复: 字节=32 时间=1ms TTL=255
```

图 6-56 网络连通状态良好

如图 6-56 所示测试结果显示，“攻击方”和“被攻击方”的网络连通良好。

（2）安装 Wireshark 包捕获软件。

从网络上下载免费共享版本 Wireshark 包捕获软件，下载本地后，双击安装文件，通过安装向导引导，直接安装。

安装完成的 Wireshark 包捕获软件界面，如图 6-55 所示。

（3）使用 Wireshark 包捕获软件捕获被攻击方数据包。

启动 Wireshark 软件程序，选择菜单“抓包”→“网络接口”，打开 Wireshark 工具监控的网络接口对话框：详细信息栏显示的是本机的网卡信息。

按“开始”按钮，即可开启输入输入本机网卡数据包信息，如图 6-57 所示。

详细信息	IP地址	包	包数/秒			
Intel(R) 82579LM Gigabit Network Connection	fe80::b1ac:f78:bdd0:f638	23290	432	开始(S)	选项(O)	详情(D)
Microsoft	fe80::d83c:346d:7e50:d503	0	0	开始(S)	选项(O)	详情(D)
Sangfor SSL VPN CS Support System VNIC	fe80::3da2:c01d:2eff:884b	0	0	开始(S)	选项(O)	详情(D)

图 6-57 Wireshark 监控网络接口

也可选择菜单“抓包”→“抓包参数选项”，打开 Wireshark 监控网络接口“抓包选项”配置对话框：在弹出对话框内输入“被攻击方”IP 地址 192.168.5.3，如图 6-58 所示。

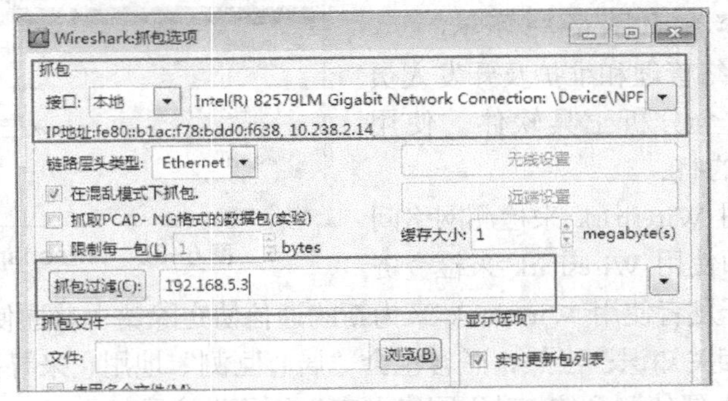

图 6-58 Wireshark 抓包选项配置

单击“开始”按钮，即可开始嗅探（捕获）到“被攻击方”计算机在网络上通信数据包，捕获到的数据包信息如图 6-59 所示。

No.	Time	Source	Destination	Protocol	Info
313	9.213255	61.166.111.227	10.238.2.14	TCP	http > 64955 [ACK]
314	9.213318	61.166.111.227	10.238.2.14	TCP	http > 64954 [ACK]
315	9.216444	10.238.2.14	106.114.166.252	UDP	Source port: netpo
316	9.247573	171.8.105.139	10.238.2.14	TCP	ndl-aas > 54754 [A
317	9.249043	114.222.212.11	10.238.2.14	TCP	ndl-aas > 64045 [A
318	9.256555	61.166.111.227	10.238.2.14	TCP	http > 64952 [ACK]
319	9.257304	61.166.111.227	10.238.2.14	TCP	http > 64953 [ACK]
320	9.313380	192.168.1.253	239.255.255.250	SSDP	NOTIFY * HTTP/1.1
321	9.329379	192.168.1.253	239.255.255.250	SSDP	NOTIFY * HTTP/1.1
322	9.346540	192.168.1.253	239.255.255.250	SSDP	NOTIFY * HTTP/1.1
323	9.363250	192.168.1.253	239.255.255.250	SSDP	NOTIFY * HTTP/1.1
324	9.373307	10.238.2.14	61.166.111.227	HTTP	[TCP Retransmissio

图 6-59 捕获到的数据包信息

如果 Wireshark 监控的接口捕获到的数据包信息显示如图 6-60 所示，就表示网络内部有大量的 ARP 广播存在。

ARP 广播不仅仅会降低网络的传输效率，还会包含很多的 ARP 病毒，这些病毒伺机探测网络端口信息，攻击网络中目标计算机。

No.	Time	Source	Destination	Protocol
24087	62.421048	Private_01:01:01	Vmware_cd:01:23	ARP
24088	62.421201	Private_01:01:01	Vmware_cd:01:23	ARP
24089	62.421345	Private_01:01:01	Vmware_cd:01:23	ARP
24090	62.421460	Private_01:01:01	Vmware_cd:01:23	ARP
24091	62.422165	Private_01:01:01	Vmware_cd:01:23	ARP
24092	62.422311	Private_01:01:01	Vmware_cd:01:23	ARP
24093	62.422426	Private_01:01:01	Vmware_cd:01:23	ARP
24094	62.422539	Private_01:01:01	Vmware_cd:01:23	ARP
24095	62.422648	Private_01:01:01	Vmware_cd:01:23	ARP
24096	62.422861	Private_01:01:01	Vmware_cd:01:23	ARP
24097	62.422989	Private_01:01:01	Vmware_cd:01:23	ARP
24098	62.423110	Private_01:01:01	Vmware_cd:01:23	ARP

图 6-60 捕获到本地网络内 ARP 广播包

针对以上这种情况出现的结果，需要实施 ARP 防范。

（4）在本机上防范 ARP 欺骗。

首先，在本地计算机上，转到 DOS 命令模式下，使用“ARP –a”命令，查看本机 IP 和 MAC 地址映射缓存表，从中筛选出攻击方可能存在的 MAC 地址。

查看本地局域网内所有用户 IP 和 MAC 地址绑定关系，如图 6-61 所示。

```
C:\Users\Administrator>ARP -A

接口: 10.238.2.14 --- 0xc
  Internet 地址         物理地址              类型
  10.238.2.254          80-f6-2e-d0-b6-90     动态
  10.238.2.255          ff-ff-ff-ff-ff-ff     静态
  224.0.0.2             01-00-5e-00-00-02     静态
  224.0.0.22            01-00-5e-00-00-16     静态
  224.0.0.251           01-00-5e-00-00-fb     静态
  224.0.0.252           01-00-5e-00-00-fc     静态
  229.255.255.250       01-00-5e-7f-ff-fa     静态
  239.255.255.250       01-00-5e-7f-ff-fa     静态
  255.255.255.255       ff-ff-ff-ff-ff-ff     静态
```

图 6-61　查看本机 IP 和 MAC 地址映射缓存表

为了防止 ARP 欺骗，就需要使用静态绑定 IP 和 MAC 地址绑定，避免来自本地网络中 ARP 欺骗发生。如为了防止 ARP 病毒实施“网关”欺骗，在网络内部冒充自己是网络的网关事件发生，可以把本网的网关的 IP 地址和 MAC 地址实施捆绑，写入到本机 ARP 缓存表中。

在 DOS 命令操作状态下，先使用命令“arp –d”，清除本机中现有缓存表信息，如图 6-62 所示。

```
C:\WINDOWS\system32\cmd.exe
Microsoft Windows XP [版本 5.1.2600]
(C) 版权所有 1985-2001 Microsoft Corp.

C:\Documents and Settings\Administrator>arp -d

C:\Documents and Settings\Administrator>
```

图 6-62　清除本机中现有的缓存表信息

在本机上绑定一个静态的 IP 地址，也可绑定容易受欺骗的网关计算机的 IP 和 MAC 地址，在本机上明确说明未来网关的地址就是：`192.168.5.3 00-0C-29-66-7D-36`，避免网关欺骗现象发生。

在本机上绑定网关计算机的 IP 和 MAC 地址命令如图 6-63 所示。

```
C:\WINDOWS\system32\cmd.exe

C:\Documents and Settings\Administrator>arp -s 192.168.5.3 00-0C-29-66-7D-36
```

图 6-63　绑定网关计算机 ip 和 mac 地址

在本机上再次利用“arp –a”查看，发现网关计算机的 IP 和 MAC 地址，已经出现在本机的 ARP 缓存表中，说明实施绑定成功，如图 6-64 所示。

```
C:\WINDOWS\system32\cmd.exe
    Minimum = 0ms, Maximum = 11ms, Average = 2ms

C:\Documents and Settings\Administrator>arp -a

Interface: 192.168.5.2 --- 0x2
  Internet Address      Physical Address      Type
  192.168.5.3           00-0c-29-66-7d-36     dynamic
```

图 6-64　绑定成功的网关计算机 IP 和 MAC 地址

【任务实施 2】 配置 360 防火墙，防御网络攻击

配置系统防火墙，对于普通用户而言，需要掌握很多的专业知识，配置过程也较为复杂和麻烦。可以选择在计算机中安装第三方的防火墙软件，比如 360 杀毒、金山毒霸等，不仅操作实施简单、方便，也能很好预防病毒入侵。

（1）从 360 的官方网站下载“360 安全卫士”。

从 360 的官方网站“http://www.360.cn/”上，下载“360 安全卫士”防火墙软件工具包，如图 6-65 所示。

在本地机器上安装下载完成的 360 安全卫士。

360 安全卫士通过“启用向导”的方式，直接引导用户安装，各个选项都采用默认“我接受”“下一步”方式直接安装。

图 6-65　下载 360 安全卫士

安装完成的 360 安全卫士防火墙软件如图 6-66 所示。

图 6-66　安装完成 360 安全卫士

360 安全卫士防火墙软件针对本机系统开展“电脑体检”“木马查杀”“系统修复”“电脑清理”“优化加速”等多项目病毒安全监测和防范功能。

（2）使用 360 安全卫士检测本机系统安全。

360 安全卫士是一款 360 安全中心推出受用户欢迎的上网安全软件。

360 安全卫士拥有查杀木马、清理插件、修复漏洞、电脑体检、保护隐私等多种功能，并独创了“木马防火墙”功能，可全面、智能地拦截各类木马，保护用户的账户、密码等重要信息。

打开图 6-67 所示 360 安全卫士的主界面上，选择“立即体检”选项，即可开始对本地主机进行各类木马及病毒扫描检查任务，扫描主界面如图 6-67 所示，扫描本机完成后，给出扫描报告。

检查完成计算机系统安全状态后，单击“一键修复”或者“修复”按钮，即可自动完成系统修复，不需要人为干预。

（3）使用木马查杀检测本机安全。

打开图 6-66 所示 360 安全卫士的主界面，选择“木马查杀”选项，可以完成本机上隐藏的木马病毒的自动检查和查杀功能，如图 6-68 所示。

“木马查杀”选项共提供“快速扫描”“全盘扫描”和“自定义扫描”3 种检查系统隐藏木马的方法。

图 6-67　木马及病毒扫描检查

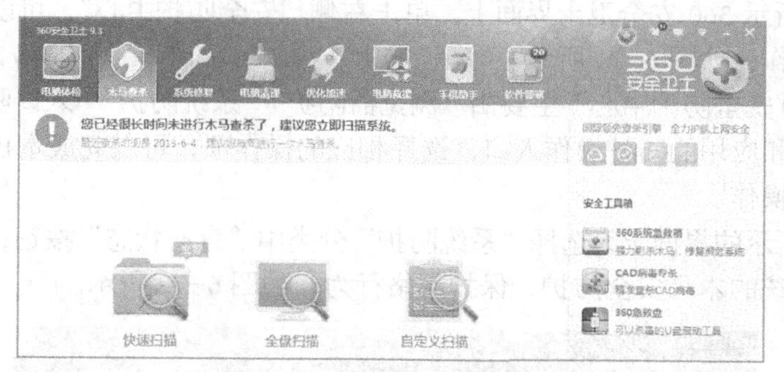

图 6-68　检查系统隐藏木马

（4）使用木马查杀修复系统安全。

图 6-69 所示 360 安全卫士的主界面上，选择“系统修复”选项，安全卫士能自动修复系统异常，打补丁，保障计算机时刻处于安全健康状态，如图 6-69 所示。

360 安全卫士的系统修复功能分为“常规修复”和“漏洞修复”两种，分别解决日常计算机使用过程中，有针对性的操作系统漏洞及后门问题。

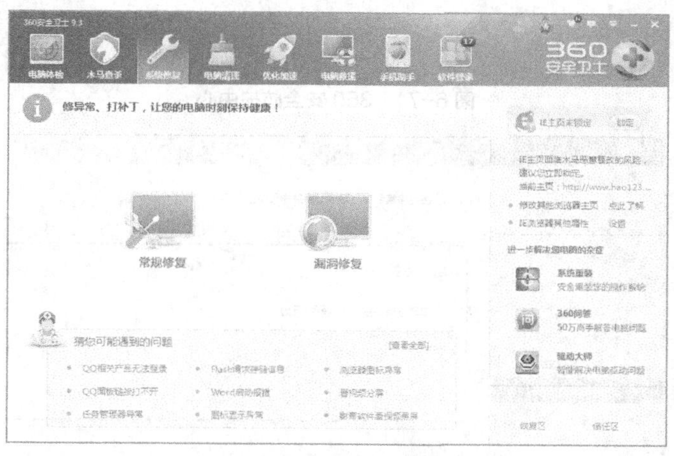

图 6-69　系统修复安装补丁

此外，针对日常用户的反馈的问题统计，360 安全卫士还列举了用户在使用计算机过程中可能遇到的问题，直接单击图 6-70 下方的“猜您可能遇到的问题”栏目，进入快速安全通道处理解决，如图 6-70 所示。

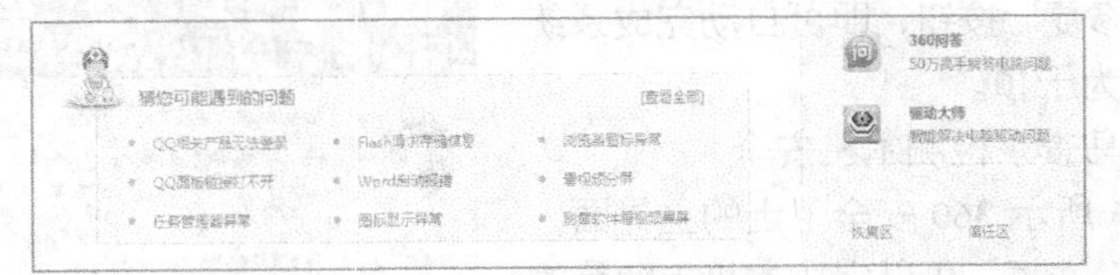

图 6-70　常见安全问题的快速处理

（5）开启安全防护中心。

在 360 安全计算中心服务器端，建立了存储数千万个恶意网址的数据库，包括挂马网址、恶意网址、钓鱼网站等。

通过开启 360 安全防护中心，能够极大地提高上网保护的及时性、有效性。

在图 6-66 所示 360 安全卫士界面上，单击右侧“安全防护中心”，可以开启 360 安全防护中心的配置操作，如图 6-71 所示。

打开的“360 安全防护中心”主要由“浏览器防护”“系统防护”“入口防护”“隔离防护”等多项本机系统和应用的防护操作入口，选择相应的操作项，可以完成本机系统和应用的安全防护配置管理操作。

在图 6-71 所示的界面上，选择“系统防护”分类中“查看状态”按钮，即可打开安全防护中心，配置系统的木马安全防护，保护网络行为，如图 6-72 所示。

图 6-71　360 安全防护中心

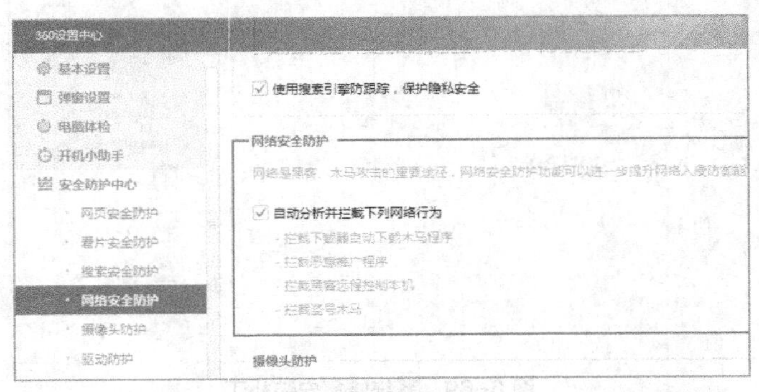

图 6-72　配置系统安全防护

在图 6-71 所示的界面上，选择“入口防护”分类中“查看状态”按钮，即可打开本机所在的网络入口安全防护中心，配置局域网的入口安全防护，包括：自动绑定网关防止 ARP 网关欺骗、ARP 主动防御、IP 冲突拦截等网络行为的安全保护，如图 6-73 所示。

在图 6-71 所示的“360 安全防护中心”页面上，选择右上角的“信任与阻止”按钮，即可开启 360 安全防护中心的“信任与阻止”配置，如图 6-74 所示。

在“信任与阻止”对话框，可以配置允许通过的“可信任的程序”“可信任的网址”“可信任的服务”，阻止“不可信任的程序”“不可信任的网址”等服务进入本机系统。

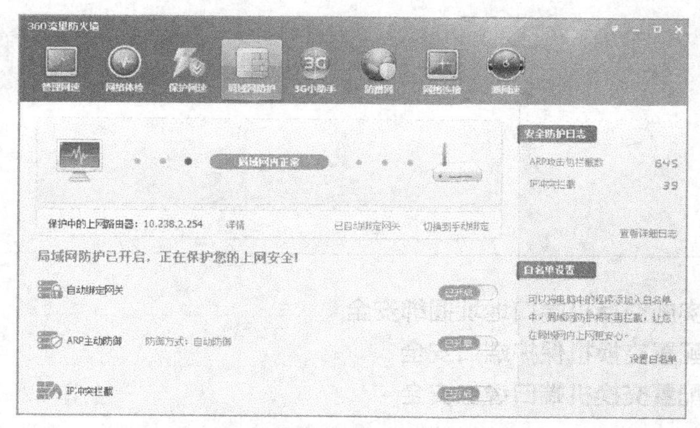

图 6-73　配置局域网的入口安全防护

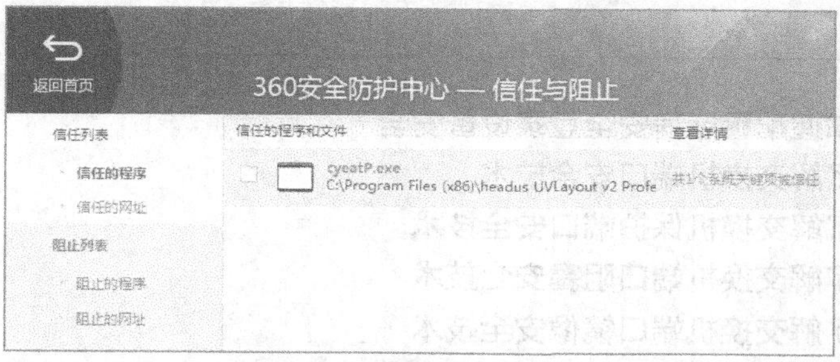

图 6-74　配置可信任程序，阻止不可信任的服务

PART 7 项目 7 保护交换网络安全

核心技术

- 实施交换机端口地址捆绑安全
- 配置交换机保护端口安全
- 配置交换机端口镜像安全

学习目标

- 掌握配置远程安全登录设备安全
- 了解交换机端口安全技术
- 了解交换机保护端口安全技术
- 了解交换机端口阻塞安全技术
- 了解交换机端口镜像安全技术
- 了解 STP 安全机制
- 掌握管理 BPDU Filter 安全

7.1 配置网络互联设备控制台安全

如果网络内部的互联设备没有很好的安全防护措施，来自网络内部的攻击或者恶作剧式的破坏，对网络的打击会致命。因此设置恰当的网络设备防护措施，是保护网络安全的重要手段之一。

据国外调查显示，80%的安全破坏事件都是由薄弱的口令引起的，因此为安装在网络中每台互联设备，配置一个恰当口令，是保护企业内部网络不受侵犯，实施网络安全措施的最基本保护。

1．配置交换机设备登录安全

交换机的控制台在默认情况下是没有口令的，如果网络中有非法者连接到交换机的控制口（Console），就可以像管理员一样任意篡改交换机的配置，带来网络的安全带来隐患。从保护网络安全的角度考虑，所有的交换机控制台都应当根据用户管理权限不同，配置不同特权访问权限。

图 7-1 所示是大楼中一台接入交换机设备，负责大楼中各个办公室计算机的接入功能。为保护大楼中的网络设备的安全，需要给交换机配置管理密码（控制台密码），以禁止网络中非授权用户的访问控制。

给交换机配置控制台密码，需要使用一根配置线缆，连接到交换机的配置端口（Console），另一端连接到配置计算机的串口（Com）（或者 USB 端口上，需要相应的转 USB 口线缆及安装相应的驱动程序），连接拓扑如图 7-1 所示。

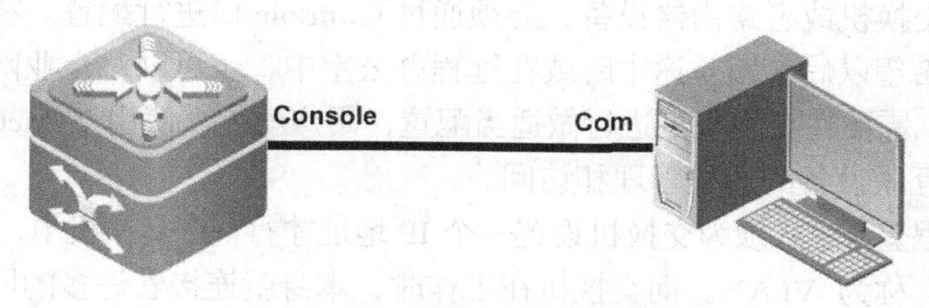

图 7-1　配置交换机设备控制台安全

通过如下的配置命令格式，配置登入交换机控制台的特权密码。

```
Switch  >
Switch # configure terminal
Switch（config）#enable secret level 1 0  ruijie              ! 配置交换机登录密码
Switch （config）#enable secret level 15 0  ruijie            ! 配置进入特权模式密码
                    ! 其中 15 表示口令所适用特权级别；
                    ! 0 表示输入明文形式口令，1 表示输入密文形式口令。
```

在配置模式下，使用“ No enable secret ”命令，可以清除以上配置的密码。

2. 配置路由器设备登录安全

路由器通常安装在内网和外网的分界处，是网络的重要连接关口。在和外部网络的接入方面，由于路由器直接和其他互联设备相连的重要网络设备，控制着其他网络设备的全部活动，因此具有比交换机更为重要的安全地位。

新安装的路由器设备控制台也没有任何安全措施。默认配置情况下也是没有口令，在维护网络整体安全的措施出发，应当立即为设备配置控制台和特权级口令。如图 7-2 所示，配置登入路由器控制台特权密码。

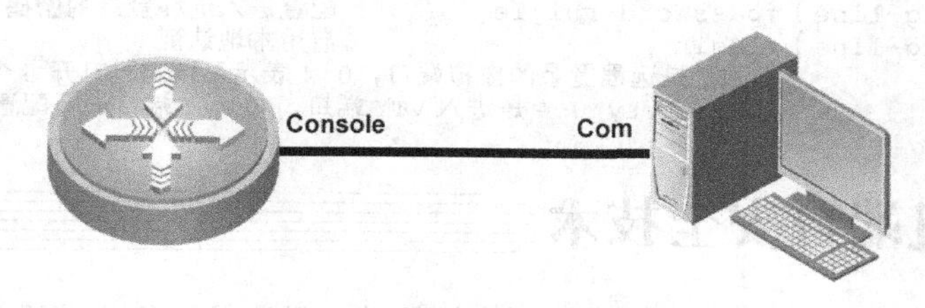

图 7-2　配置路由器设备控制台安全

配置路由器控制台密码如下所示。

```
Router # configure terminal
Router（config）# enable passWord ruijie      ! 表示输入的是明文形式的口令
Router（config）# enable secret ruijie        ! 表示输入的是密文形式的口令
```

在配置模式下，使用“No enable passWord”或者“No enable secret”命令，可以清除以上配置的密码。

7.2 配置网络互联设备远程登录安全

远程登录（Telnet）是通过传输线路远程登录到网络中到另外一台计算机上去，远程控制计算机操作，实行交互性的信息资源共享。除通过 Console 端口与设备直接相连管理网络设备之外，用户还可以通过本地计算机上的 Telnet 程序，使用网线与交换机 RJ45 口建立远程连接，以方便管理员从远程登录交换机管理设备。

第一次配置交换机或者路由器设备，必须通过 Comsole 口进行配置。在对网络设备进行了初次配置后，希望以后在出差途中时或在远程办公室中，也可以对企业网中的网络互联设备进行远程管理，需要在交换机上进行做适当配置，用户就可以使用 Telnet 方式，远程登录设备，实现网络互联设备的远程管理和访问。

为了实现远程登录，必须为交换机设置一个 IP 地址才行。在交换机中，这个 IP 地址接口是一个虚拟接口，称为 VLAN。而交换机在工作时，本身就连接着许多的网线，就给远程管理提供了条件。通过远程方式对网络设备进行配置，不仅仅需要知道网络设备远程登录 IP 地址，还需要通过配置密码口令，从而实现对远程来访的用户进行鉴别。

因此配置交换机的远程登录拓扑如图 7-3 所示。配置过程可分为两个过程，如下所示配置交换机设备远程登录安全。

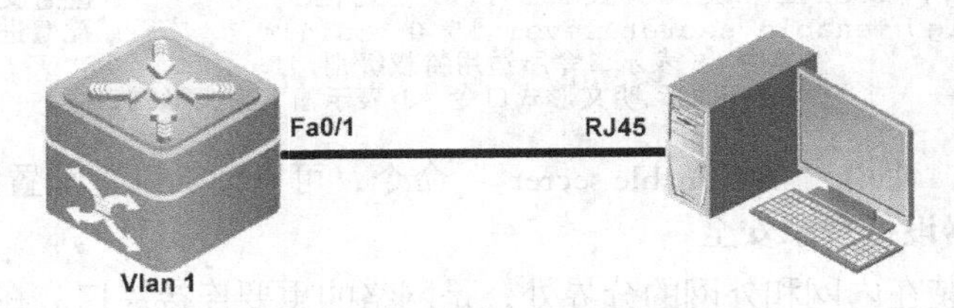

图 7-3 配置交换机设备远程登录安全

```
Switch # configure terminal
Switch (config)#interface vlan 1                  ! 配置远程登录交换机的管理地址
Switch (config-if)#ip address 192.168.1.1 255.255.255.0
Switch (config-if)#no shutdown
                    ! 如果管理员计算机在其他 Vlan，则需要给相应的 Vlan 配置 IP 地址。
Switch(config)# enable passWord ruijie            ! 设置进入特权模式的密码 ruijie
Switch(config)#line vty 0 4                       ! 设备远程登录线程模式
Switch(config-line)#passWord ruijie               ! 配置进入远程登录的密码 ruijie
Switch(config-line)#login                         ! 启用本地认证
                    ! VTY 是远程登录的虚拟端口，0 4 表示可以同时打开 5 个会话。
                    ! line vty 0 4 是进入 VTY 端口，对 VTY 端口进行配置。
```

7.3 交换机端口安全技术

交换机在企业网中占有重要的地位，交换机的端口是连接网络终端设备重要关口，加强交换机的端口安全是提高整个网络安全性的关键。

在一个交换网络中，如何过滤办公网内的用户通信，保障安全有效的数据转发？如何进行安全网络管理，及时发现网络非法用户、非法行为及提高远程网络管理信息的安全性……都是网络构建人员首先需要考虑的问题。

默认情况下交换机所有端口都是完全敞开，不提供任何安全检查措施，允许所有数据流通过。因此为保护网络内用户安全，对交换机的端口增加安全访问功能，可以有效保护网络安全。交换机的端口安全是工作在交换机二层端口上的一个安全特性，它主要有以下功能。

- 只允许特定 MAC 地址的设备接入到网络中，防止非法或未授权设备接入网络。
- 限制端口接入的设备数量，防止用户将过多的设备接入到网络中。

1．交换机端口安全

大部分网络攻击行为都采用欺骗源 IP 或源 MAC 地址方法，对网络核心设备进行连续数据包的攻击，从而耗尽网络核心设备系统资源，如典型的 ARP 攻击、MAC 攻击、DHCP 攻击等。这些针对交换机端口产生的攻击行为，可以启用交换机的端口安全功能来防范。

（1）配置端口安全地址。

通过在交换机某个端口上配置限制访问 MAC 地址及 IP（可选），可以控制该端口上的数据安全输入。当交换机的端口配置端口安全功能后，设置包含有某些源地址的数据是合法地址数据后，除了源地址为安全地址的数据包外，这个端口将不转发其他任何包。

为了增强网络的安全性，还可以将 MAC 地址和 IP 地址绑定起来，作为安全接入的地址，实施更为严格的访问限制，当然也可以只绑定其中一个地址，如只绑定 MAC 地址而不绑定 IP 地址，或者相反，如图 7-4 所示。

（2）配置端口安全地址个数。

交换机的端口安全功能还表现在，可以限制一个端口上能连接安全地址的最多个数。如果一个端口被配置为安全端口，配置有最多的安全地址的连接数量，当其上连接的安全地址的数目达到允许的最多个数，或者该端口收到一个源地址不属于该端口上的安全地址时，交换机将产生一个安全违例通知。

交换机的端口安全违例产生后，可以选择多种方式来处理违例：如丢弃接收到的包，发送违例通知或关闭相应端口等。

如果将交换机上某个端口只配置一个安全地址时，则连接到这个端口上的计算机（其地址为配置的安全地址）将独享该端口的全部带宽。

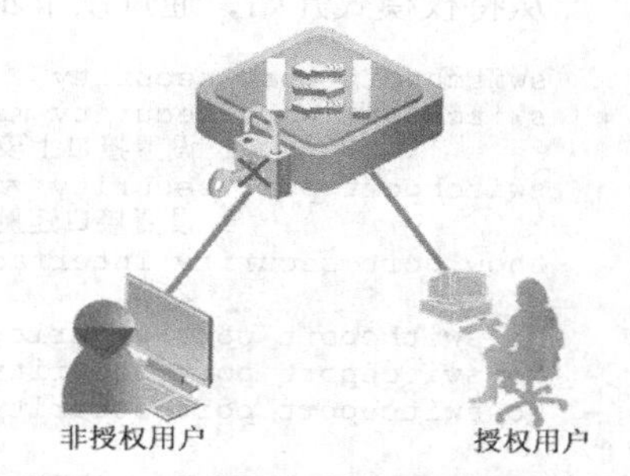

图 7-4　非授权用户无法接入访问网络

（3）端口安全检查过程。

当一个端口被配置成为一个安全端口后，交换机不仅将检查从此端口接收到的帧的源 MAC 地址，还检查该端口上配置的允许通过的最多的安全地址数。

如果安全地址数没有超过配置的最大值，交换机会检查安全地址表。若此帧的源 MAC 地址没有被包含在安全地址表中，那么交换机将自动学习此 MAC 地址，并将它加入到安全地址表中，标记为安全地址，进行后续转发；若此帧的源 MAC 地址已经存在于安全地址表中，那么交换机将直接转发该帧。

安全端口的安全地址表项既可以通过交换机自动学习，也可以手工配置。配置端口安全存在这些限制：

- 一个安全端口必须是 Access 端口及连接终端设备端口，而非 Trunk 端口；
- 一个安全端口不能是一个聚合端口（Aggregate Port）。

2．配置端口最大连接数。

最常见的对交换机端口安全的理解，就是根据交换机端口上连接设备的 MAC 地址，实施对网络流量的控制和管理：比如限制具体端口上通过的 MAC 地址的最多连接数量，这样可以限制终端用户非法使用集线器等简单的网络互联设备，随意扩展企业内部网络的连接数量，造成网络中流量的不可控制、增大网络的负载。

要想使交换机的端口成为一个安全端口，需要在端口模式下，启用端口安全特性：

```
switchport port-security
```

当交换机端口上所连接安全地址数目达到允许的最多个数，交换机将产生一个安全违例通知。启用端口端口安全特性后，使用如下命令为端口配置允许最多的安全地址数：

```
switchport port-security maximum number
```

默认情况下，端口的最多安全地址个数为128。

当安全违例产生后，可以设置交换机，针对不同的网络安全需求，采用不同安全违例的处理模式，其中

- Protect：当所连接端口通过安全地址，达到最大的安全地址个数后，安全端口将丢弃其余未知名地址（不是该端口的安全地址中任何一个）数据包，但交换机将不做出任何通知以报告违规的产生。
- RestrictTrap：当安全端口产生违例事件后，交换机不但丢弃接收到的帧（MAC 地址不在安全地址表中），而且将发送一个 SNMP Trap 报文，等候处理。
- Shutdown：当安全端口产生违例事件后，交换机将丢弃接收到的帧（MAC 地址不在安全地址表中），发送一个 SNMP Trap 报文，而且将端口关闭，端口将进入"err-disabled"状态，之后端口将不再接收任何数据帧。

从特权模式开始，通过以下步骤配置安全端口和违例处理方式。

```
switchport port-security                                   ! 打开接口的端口安全功能。
switchport port-security maximum value
                    ! 设置接口上安全地址最多个数，范围是 1~128，默认值为 128。
switchport port-security violation {protect    | restrict  | shutdown}
                    ! 设置接口违例方式，当接口因为违例而被关闭后选择方式。
Show port-security interface [interface-id]               ! 验证配置。

No swithcport port-security                                ! 关闭接口端口安全功能
No switchport port-security maximum                        ! 恢复交换机端口默认连接地址个数。
No switchport port-security violation                      ! 将违例处理置为默认模式。
```

如图 7–5 所示，配置交换机 FastEthernet0/3 接口安全端口功能：设置最多地址个数为 4，设置违例方式为 protect。

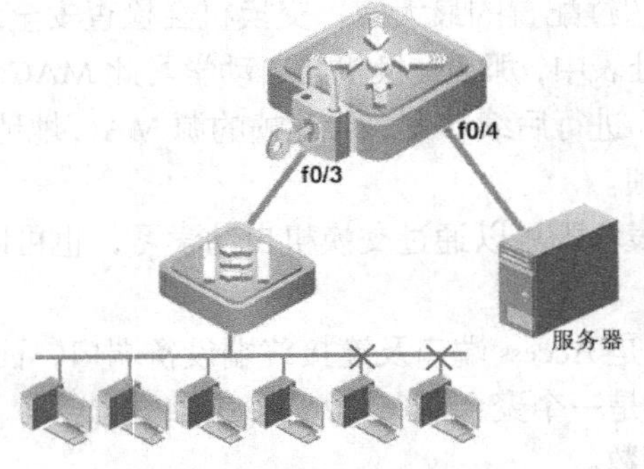

图 7–5　配置交换机端口安全

```
Switch# configure terminal
Switch(config)# interface  FastEthernet 0/3
```

```
Switch(config-if)# switchport port-security
Switch(config-if)# switchport port-security maximum 4
Switch(config-if)# switchport port-security violation protect
Switch(config-if)# end
```

限制接入交换机端口连接的最多终端数量，是实施企业网络内部交换机安全最常采用的安全措施之一，默认配置如表7-1所示。

表7-1 交换机端口安全的默认设置

交换机端口安全内容	端口安全的默认设置
端口安全开关	所有端口均关闭端口安全功能
最大安全地址个数	128
安全地址	无
违例处理方式	保护（protect）

交换机一个百兆接口上，最多可以支持128个IP地址和MAC地址的安全地址。但是同时申明IP地址和MAC地址安全地址限制，会占用交换机的硬件系统资源，影响设备的工作效率。此外在交换机的端口上，如果还实施访问控制列表ACL检查技术，则相应端口上所能通过的安全地址个数还将减少。

建议安全端口上的安全地址特征保持一致：或者全是绑定IP安全地址，或者都不绑定IP安全地址。如果一个安全端口上同时绑定两种格式的安全地址，则不绑定IP地址的安全地址将失效（绑定IP安全地址优先级更高）。想使端口上不绑定IP安全地址生效，必须删除端口上所有绑定IP安全地址配置。

3．绑定端口安全地址

实施交换机端口安全的管理，还可以根据MAC地址限制端口接入，实施网络安全：比如把接入主机的MAC地址与交换机相连的端口绑定。通过在交换机的指定端口上限制带有某些接入设备的MAC地址帧流量通过，从而实现对网络接入设备的安全控制访问目的。

当需要手工指定静态安全地址时，使用如下命令配置：

```
switchport port-security mac-address mac-address
```

默认情况下，手工配置安全地址将永久存在安全地址表中。预先知道接入设备的MAC地址，可以手工配置安全地址，以防非法或未授权的设备接入到网络中。

当主机的MAC地址与交换机连接端口绑定后，交换机发现主机MAC地址与交换机上配置MAC地址不同时，交换机相应的端口将执行违例措施：如连接端口Down掉。

在交换机上配置端口安全地址的绑定操作，通过以下命令和步骤手工配置。

```
Switchport port-security mac-address mac-address  [ip-address ip-address]
                                                  ! 手工配置接口上的安全地址。
Switch (config-if)#switchport port-security mac-address 00-90-F5-10-79-C1
                                                  ! 配置端口的安全MAC地址。
Switchport port-security maximum 1                ! 限制此端口允许通过MAC地址数为1。
Switchport port-security violation shutdown       ! 当配置不符时端口down掉。
Show port-security address                        ! 验证配置。
No switchport port-security mac-address mac-address ! 删除该接口安全地址
```

如下所示说明在交换机的接口Gigabitethernet 1/3上配置安全端口功能：为该接口配置一个安全MAC地址00d0.f800.073c，并绑定IP地址192.168.12.202。

```
Switch # configure terminal
Switch(config# interface gigabitethernet 1/3
Switch(config-if)# switchport port-security
Switch(config-if)#switchport port-security mac-address 00d0.f800.073c ip-address
192.168.12.202
Switch(config-if)# end
```

默认情况下，交换机安全端口自动学习到和手工配置的安全地址都不会老化，永久存在，使用如下命令可以配置安全地址的老化时间：

```
switchport port-security aging { time time | static }
```

如果此命令指定了 static 关键字，那么老化时间也将会应用到手工配置的安全地址；默认情况下，老化时间只应用于动态学习到的安全地址，手工配置的安全地址永久存在。

当交换机安全端口的安全地址数到达最大值后，此时如果收到了一个源 MAC 地址不在安全地址表中的帧时，将发生地址违规。当发生地址违规时，交换机可以进行多种操作，使用如下命令可以配置地址违规的操作行为：

```
switchport port-security violation { protect | restrict | shutdown }
```

默认情况下，地址违规操作为 protect。

当地址违规操作为 shutdown 关键字时，交换机将丢弃接收到的帧（MAC 地址不在安全地址表中），发送一个 SNMP Trap 报文，而且将端口关闭，端口将进入“err-disabled”状态，之后端口将不再接收任何数据帧。

当端口由于违规操作而进入“err-disabled”状态后，必须在全局模式下使用如下命令手工将其恢复为 UP 状态：

```
errdisable recovery
```

使用如下命令可以设置端口从“err-disabled”状态自动恢复所等待的时间，当指定的时间到达后，“err-disabled”状态的端口将重新进入 UP 状态：

```
errdisable recovery interval time
```

7.4 交换机保护端口安全

交换机的端口安全是实施交换机安全的关键技术，加强接入交换机的端口安全，是提高整个网络安全性的关键。对交换机的端口增加安全访问功能，可以有效保护网络的安全。加载在交换机端口上的安全技术，除交换机的安全端口技术之外，还包括交换机的保护端口技术。交换机的保护端口和端口安全一样，在园区网内有着比较广泛的应用。

在某些应用环境下，一个局域网内有时候也希望用户不能互相访问，如小区用户至今互相隔离，学生机房的考试环境学生机器的互相隔离等，都要求一台交换机上的有些端口之间不能互相通信，但只能和网关进行通信。在这种环境下，交换机可以使用保护端口的端口隔离技术来实现，保护端口可以确保同一交换机上的端口之间互相隔离，不进行通信。

1．保护端口工作原理

保护端口是在接入交换机上实施的一项基于端口的流量控制功能，它可以防止数据在端口之间被互相转发，也就是阻塞端口之间的通信。保护端口功能将这些端口隔离开，防止数据在端口之间被转发。

所以如果希望阻塞端口之间的通信，需要将端口都设置为保护端口。配置有保护端口交换机，其保护端口之间无法进行通信，但保护端口与非保护端口之间的通信将不受影响，如图 7-6 所示。保护端口特性可以工作在聚合端口（Aggregated Port）上，当一个聚合端口被配置为保护端口时，它的所有成员端口也将被设置为保护端口。

保护端口之间的单播帧、广播帧及组播帧都将被阻塞，所有保护端口之间的数据，保护端口不向其他保护端口转发任何信息，包括单播、多播和广播包。传输不能在第二层保护端口间进行，所有保护端口间的传输都必须通过第三层设备转发，如图 7-7 所示。

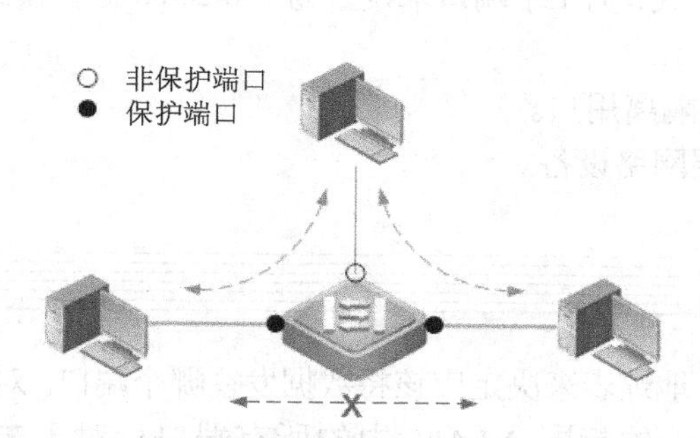

图 7-6　保护端口之间互相隔离

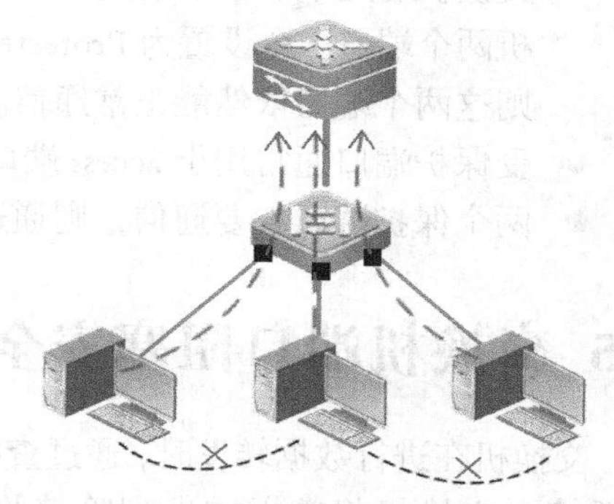

图 7-7　保护端口之间通过三层设备转发

2．配置保护端口

当将某些端口设为保护口之后，保护口之间互相无法通信，保护口与非保护口之间可以正常通信，之间的传输不受任何影响。保护端口的配置相对较简单，在接口模式下使用如下命令，可以将端口配置为保护端口：

```
switchport protected
```

其他配置交换机保护端口技术实施：

```
switchport protected                             ! 将该接口设置为保护口
swith(config-if)#no switchport protected         ! 将选定的端口取消保护模式
Show  interfaces switchport                      ! 验证配置
```

如下所示，说明如何将交换机端口配置保护端口，实现之间的隔离访问。

```
Switch#configure
Switch(config)#interface fastEthernet 0/1
Switch(config-if)#switchport protected
Switch(config-if)#end
```

使用如下命令可以查看保护端口的配置信息：

```
show interface switchport
```

可以使用以下命令，查看保护端口配置信息。

```
Switch#show interfaces switchport
Interface  Switchport Mode    Access  Native   Protected  VLAN lists
---------------   --------   ---------   -----------------
Fa0/1      Enabled    Access    1       1       Enabled   All
Fa0/2      Enabled    Access    1       1       Enabled   All
Fa0/3      Enabled    Access    1       1       Disabled  All
Fa0/4      Enabled    Access    1       1       Disabled  All
Fa0/5      Enabled    Access    1       1       Disabled  All
Fa0/6      Enabled    Access    1       1       Disabled  All
```

```
Fa0/7     Enabled    Access     1     1        Disabled  All
Fa0/8     Enabled    Access     1     1        Disabled  All
Fa0/9     Enabled    Access     1     1        Disabled  All
Fa0/10    Enabled    Access     1     1        Disabled  All
Fa0/11    Enabled    Access     1     1        Disabled  All
Fa0/12    Enabled    Access     1     1        Disabled  All
```

注意：

- 保护端口只对同一 VLAN 内端口有效，对不同 VLAN 端口无效。因为不同 VLAN 访问都需要路由技术实现，相同 VLAN 内保护端口是不能访问。
- 交换机的两个端口都设置为 Protected 模式后，才能实现保护端口间不能通信。若交换机两个端口 1 个设置为 Protected 保护模式，另 1 个端口未设置为 Protected 保护模式，则这两个端口依然能正常通信。
- 受保护端口通常用于 access 端口，用来隔离用户。
- 两个保护端口若要通信，则通过第三层网络设备。

7.5 交换机端口阻塞安全技术

交换机在进行数据转发时，通过查找 MAC 地址表来决定应该将数据发往哪个端口。对于广播帧，交换机将数据转发到除接收端口以外的相同 VLAN 内的所有端口；对于未知（Unknown）目的 MAC 地址的单播帧和组播帧，交换机也将数据转发到除接收端口以外的相同 VLAN 内的所有端口。

网络中的攻击者可以利用交换机的这种转发机制，使用特定工具向网络中以非常高的速率，发送广播帧或未知目的 MAC 地址的帧，导致交换机向同一 VLAN 内的所有端口泛洪，消耗带宽和系统资源。

为减少网络内部的广播报文，优化网络传输环境，可以使用交换机端口的阻塞技术，有效保护网络的安全。

1．端口阻塞工作原理

交换机的端口阻塞是指在特定端口上，阻止广播、未知目的 MAC 单播或未知目的 MAC 组播帧，从这个端口泛洪出去，这样不仅节省了带宽资源，同时也避免了终端设备收到多余的数据帧。如图 7-8 所示。

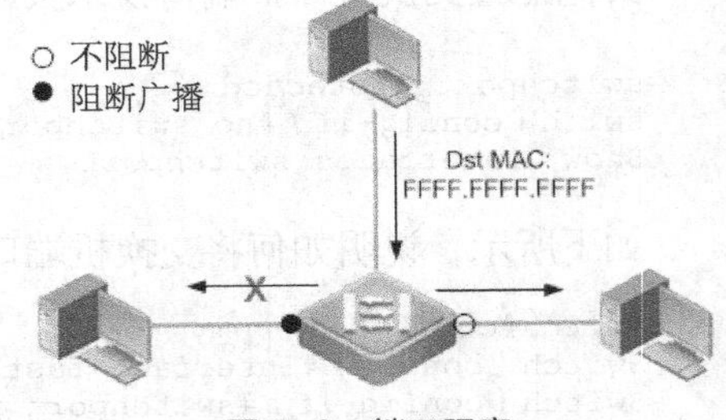

图 7-8　端口阻塞

此外，如果交换机的某个端口只存在手工配置的 MAC 地址，而且端口并没有连接任何所配置 MAC 地址以外的其他设备，那么就不需要将数据包泛洪到这个端口。

2．配置端口阻塞安全

默认情况下，交换机的端口阻塞功能是关闭，需要在接口模式下，使用如下命令手工开启该功能：

```
Storm-control { unicast | multicast | broadcast }
```

命令中的 unicast 关键字，表示阻塞未知目的 MAC 地址的单播帧；multicast 关键字表示阻塞未知目的 MAC 地址的组播帧；broadcast 关键字表示阻塞广播帧。需要注意的是：使用 broadcast 关键字和 multicast 关键字时需慎重，因为阻塞广播帧和组播帧可能会导致某些协议或应用不能正常工作，造成网络连通性中断。

以下配置说明如何将交换机端口配置端口阻塞，实现网络内部的传输的流程优化。

```
Switch#configure
Switch(config)#interface fastEthernet 0/1
Switch(config-if)# Storm-control  unicast
Switch(config-if)#end
Switch#

! 查看配置完成的交换机的端口阻塞配置信息
Switch#show interfaces fastEthernet 0/1
......
```


7.6 交换机端口镜像安全技术

在日常进行的网络故障排查、网络数据流量分析的过程中，有时需要对网络中的接入或骨干交换机的某些端口进行数据流量监控分析，以了解网络中某些端口传输的状况，交换机的镜像安全技术可以帮助实现这一效果。

通过在交换机中设置镜像（SPAN）端口，可以对某些可疑端口进行监控，同时又不影响被监控端口的数据交换，网络中提供实时监控功能。

大多数交换机都支持镜像技术，这可以实现对交换机进行方便的故障诊断。通过分析故障交换机的数据包信息，了解故障的原因。这种通过一台交换机监控同网络中另一台的过程，称之为“Mirroring”或“Spanning”。

在网络中监视进出网络的所有数据包，供安装了监控软件的管理服务器抓取数据，了解网络安全状况，如网吧需提供此功能把数据发往公安部门审查。而企业出于信息安全、保护公司机密的需要，也迫切需要端口镜像技术。

在企业中用端口镜像功能，可以很好地对企业内部的网络数据进行监控管理，在网络出现故障的时候，可以很好地做到故障定位。

1．什么是镜像技术

镜像（Mirroring）是将交换机某个端口的流量拷贝到另一端口（镜像端口），进行监测。

交换机的镜像技术（Port Mirroring）是将交换机某个端口的数据流量，复制到另一个端口（镜像端口）进行监测安全防范技术。大多数交换机都支持镜像技术，称为 Mirroring 或 Spanning，默认情况下交换机上的这种功能是被屏蔽。

通过配置交换机口镜像，允许管理人员设置监视管理端口，监视被监视的端口的数据流量。复制到镜像端口数据，通过 PC 上安装网络分析软件查看，通过对捕获到的数据分析，可以实时查看被监视端口的情况。场景如图 7-9 所示。

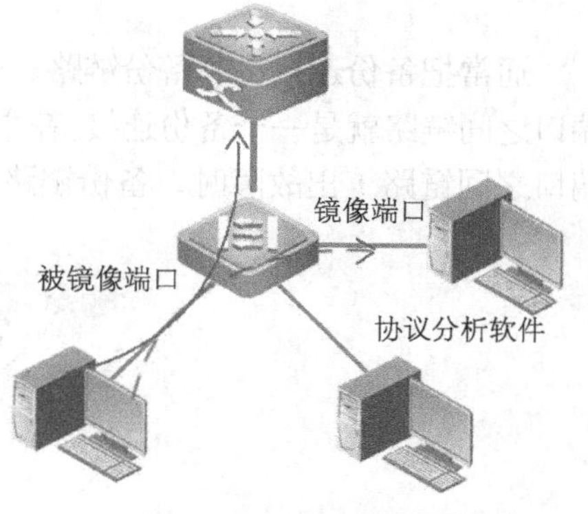

图 7-9　端口镜像拓扑

2．镜像技术别名

端口镜像可以让用户将所有的流量，从一个特定的端口复制到一个镜像端口。如果网络中的交换机提供端口镜像功能，则允许管理人员设置一个监视管理端口来监视被监视端口的数据。监视到的数据可以通过 PC 上安装的网络监控软件来查看，解析收到的数据包中的信息内容，通过对数据的分析，可以实时查看被监视端口的通信状况。

交换机把某一个端口接收或发送的数据帧完全相同的复制给另一个端口。

- Port Mirroring

被复制的端口称为镜像源端口，通常指允许把一个端口的流量复制到另外一个端口，同时这个端口不能再传输数据。

- Monitoring Port

复制的端口称为镜像目的端口，也称监控端口。

3．配置端口镜像技术

大多数三层交换机和部分二层交换机，都具备端口镜像功能，不同的交换机或不同的型号，镜像配置方法的有些区别。

在特权模式下，按照以下步骤可创建一个 SPAN 会话，并指定目的端口（监控口）和源端口（被监控口）。

```
Switch config)# monitor session 1 source interface fastEthernet 0/10 both
                                                              !设置被监控口
                          !   both：镜像源端口接收和发出的流量，默认为 both。
Switch config)# monitor session 1 destination interface fastEthernet 0/2
                                                              !设置监控口
Switch config)#no monitor session session_number              !清除当前配置
Switch# show monitor session 1                    !显示镜像源、目的端口配置信息
```

以下配置过程说明如何在交换机上，创建一个 SPAN 会话 1，配置端口镜像，实现网络内部的数据通信的监控。

```
Switch#configure
Switch(config)# no monitor session 1   ! 将当前会话 1 的配置清除
Switch(config)# monitor session 1 source interface FastEthernet0/1 both
                                      ! 设置端口 1 的 SPAN 帧镜像到端口 8
Switch(config)# monitor session 1 destination interface FastEthernet 0/8
                                      ! 设置端口 8 为监控端口，监控网络流量
Switch# show monitor session 1
…… ……
```

7.7 生成树安全技术

通常把备份连接也叫备份链路、冗余链路，如图 7-10 所示。交换机 SW1 与交换机 SW3 端口之间链路就是一个备份连接。在主链路（SW1 与 SW2 端口之间链路或者 SW2 端口与 SW3 端口之间链路）出故障时，备份链路自动启用，从而提高网络整体可靠性。

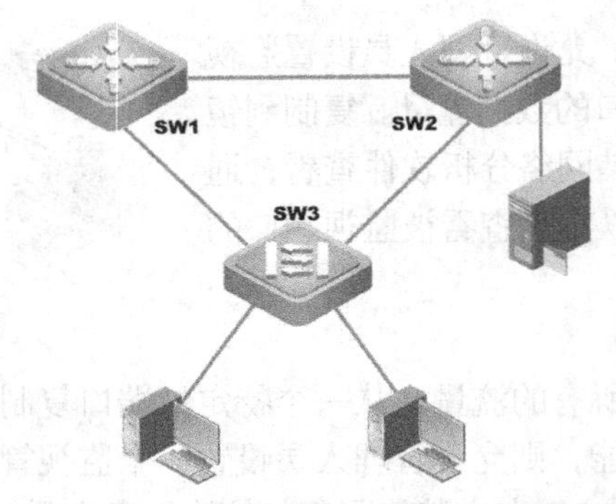

图 7-10　交换网络中冗余带来健全性、稳定性和可靠性

1．什么是生成树技术

使用冗余备份能够为网络带来健全性、稳定性和可靠性等好处，但是备份链路使网络存在环路。环路问题将会导致广播风暴、多帧复制及 MAC 地址表的不稳定等问题，是备份链路所面临的最为严重的问题。

为了解决冗余链路引起的问题，IEEE 通过了 IEEE 802.1d 协议，即生成树协议 STP 协议。IEEE 802.1d 协议通过在交换机上运行一套复杂的算法，使冗余端口置于“阻塞状态”，使得网络中的计算机在通信时，只有一条链路生效，而当这个链路出现故障时，IEEE 802.1d 协议将会重新计算出网络的最优链路，将处于“阻塞状态”的端口重新打开，从而确保网络连接稳定可靠。

2．生成树 STP 安全机制

生成树协议 STP 在网络中避免第二层桥接环路，给交换网络提供了冗余。

但 STP 协议自身也存在着一些限制，其中最为突出的就是收敛速度慢，通常需要花费至少 30s 的时间进行收敛，才能使网络拓扑达到稳定状态。

对于现在的网络，显然 30s 的时间太漫长，如某些路由协议 OSPF、ISIS 等，都可以在短短的几秒内就完成收敛，显然 STP 的过长的收敛时间已经不能满足现在网络的需求，以及现代网络中的高可用性（HA）标准。

为了克服 STP 的这些缺陷，一些 STP 的增强和安全机制被开发出来，包括快速端口（PortFast）、BPDU 防护（BPDU Guard）和 BPDU 过滤（BPDU Filter）。

3．管理 PortFast 安全

PortFast 的安全特性开发是为了加快生成树收敛速度。

当交换机的某个二层端口被配置为 PortFast 端口，端口激活后将立即过渡到 Forwarding 状态而跳过生成树的中间状态，这样端口可以立即对用户数据进行转发。PortFast 安全特性避免了一些实际应用中的问题，如 DHCP 请求超时、Novell 登录问题等。

PortFast 的安全特性可以使一个交换端口绕过侦听和学习状态过程，直接进入到转发状态，以减少端口状态转换延时。

可以在连接单一工作站、交换机或者服务器的交换或中继端口上使用 PortFast，使这些设备立即连接入到网络中，而无需等待端口从侦听、学习状态转换到转发状态。

在实际网络应用中，PortFast 端口安全特性只用于连接终端主机的端口（不会产生环路的端口，如客户端、服务器），这也是配置 PortFast 命令前一定要确认的条件。

需要注意的是，不要将连接交换机的上行链路端口配置为 PortFast 端口，否则可能会导致网络出现环路，如图 7-11 所示。

在有备份链路的网络环境中，当交换机开启电源或者当设备连接到一个端口时，端口通常进入生成树的侦听状态。在转发延时计时器过期时，端口进入到侦听状态。当转发延时计时器再次过期时，端口才转换成转发或者阻塞状态。

如果在接入端口上启用了 PortFast 时，这个端口会立即转换到生成树的转发状态，无需经过前面的侦听和学习两个状态，大大减少了延时等待的时间。

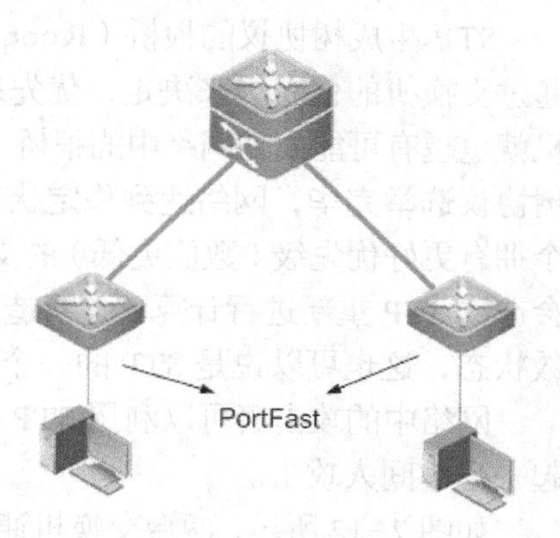

图 7-11 PortFast

配置该命令的端口，只要设备的线一接上，就马上进入转发状态，不用等 50s 默认 STP 收敛的时间（20s 的阻塞 ＋15s 的侦听 ＋15s 的学习）。

当配置 PortFast 安全特性端口接收到 BPDU 报文后，端口将丢弃 PortFast 状态，改为正常的 STP 操作。

使用如下命令可以启用交换机 fastethernet 0/8 接口的 PortFast 特性：

```
Switch(config)# interface fastethernet 0/8
Switch(config-if)# spanning-tree portfast
Switch(config-if)# end
Switch#
```

使用 no spanning-tree portfast 命令，可以禁止接口上已启用了的 PortFast 功能。

此外，在接口模式下，使用如下命令可以禁用接口的 PortFast 特性：

```
Switch(config-if)# spanning-tree portfast disable
```

在接入层交换机上，由于大部分端口都是连接终端设备，如 PC、服务器、打印机等。可以在全局模式下，使用如下命令全局性的使所有接口启用 PortFast 特性。

```
Switch(config)#spanning-tree portfast default
```

需要注意的是，当配置完这个命令后，必须在连接到分布层交换机的上行链路端口，使用 **spanning-tree portfast disable** 命令，明确禁用 PortFast 特性，避免环路产生。

使用如下命令，配置交换机端口的 PortFast 安全特性。

```
Switch#configure
Switch(config)#interface fastEthernet 0/1
Switch(config-if)#spanning-tree portfast
Switch(config-if)#end

Switch#configure
Switch(config)#spanning-tree portfast default
Switch(config)#interface fastEthernet 0/23
Switch(config-if)#switchport mode trunk
Switch(config-if)#spanning-tree portfast disabled
Switch(config-if)#end
```

使用如下命令可以查看接口 PortFast 特性的状态，包括管理状态与实际操作状态。

```
Switch#show spanning-tree interface fastEthernet 0/1
```

4．管理 BPDU Guard 安全

STP 生成树协议的根桥（Root Bridge）的选举，是通过交换机的优先级来决定，优先级的数值越低，交换机就也越有可能成为网络中的根桥。但是，当 STP 生成树协议选举完毕，网络达到稳定状态后，如果此时有一个拥有更好优先级（数值更低）的交换机加入到网络后，会造成 STP 重新进行计算。这将造成网络又一次处于收敛状态，这也可以说是 STP 的一个不稳定机制。

网络中的攻击者可以利用 STP 的这种安全特性，发起一个中间人攻击。

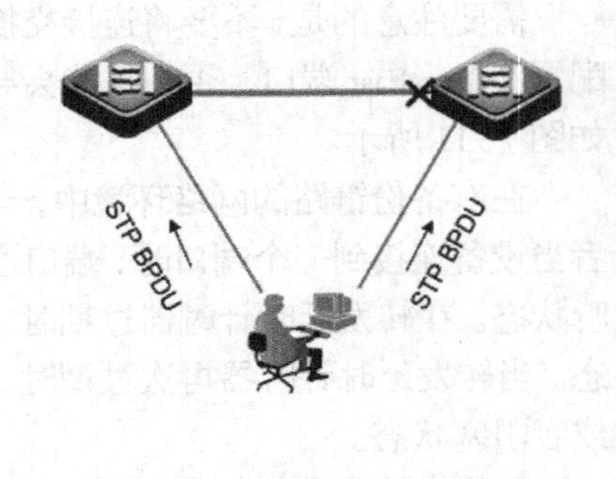

图 7–12 利用 STP 进行攻击

如图 7–12 所示，两台交换机通过一条链路相连，正常情况下，两台交换机之间的数据都通过这条链路进行

传送。这时攻击者向网络中引入了一台新的交换机，并且这台交换机拥有更高的优先级。显然这将导致 STP 重新计算，由于拥有更高的优先级，攻击者接入的交换机成为网络中的新根桥。

为了避免环路的产生，原先两台交换机启用 STP 生成树协议，造成之间的链路被阻塞。两台交换机之间的所有数据都会通过攻击者的交换机进行转发，攻击者达到了窃听的目的。

如果攻击者使用更低带宽（图中为 10M）链路，那么会造成原先两台交换机之间的数据产生拥塞，导致丢包，影响连接到两台交换机上所有设备之间的正常通信。

BPDU Guard（BPDU 防护）是 STP 的一个增强机制，也是一种保护交换网络的安全机制。当交换机的端口启用了 BPDU Guard 后，端口将丢弃收到的 BPDU 报文，而且 BPDU Guard 会使接口变为“err-disabled”状态，不但避免了环路的产生，而且增强了交换网络的安全性和稳定性。

BPDU Guard 在交换机中默认是关闭的，需要手工启用。启用 BPDU Guard 可以在全局等级或者接口等级启用，两种方法存在一些差别。

在全局模式下，使用如下命令可以在启用了 PortFast 的端口上全局性的启用 BPDU Guard 功能。

```
spanning-tree  bpduguard default
spanning-tree  bpduguard enable
spanning-tree  bpduguard disabled
```

如下示例为配置交换机的 Portfast 和 bpduguard 功能。

```
Switch#configure
Switch（config）#interface fastEthernet 0/1
Switch（config-if）#spanning-tree bpduguard enable
Switch（config-if）#end

Switch#configure
Switch（config）#spanning-tree portfast bpduguard default
Switch（config）#interface fastEthernet 0/2
Switch（config-if）#spanning-tree portfast
Switch（config-if）#end

show spanning-tree interface interface   ! 查看接口 BPDU Guard 特性的状态
……
Switch#show spanning-tree interface fastEthernet 0/1
……
```

当配置了这条命令后，如果某个接口启用了 PortFast 特性，那么当接口收到 BPDU 报文后，那么端口将进入“err-disabled”状态。

通常，启用了 PortFast 特性的端口都为接入（Access）端口，这些端口通常连接的都是终端设备，当在这样的端口收到 BPDU 报文后，表示有非法的设备（例如非法交换机）接入到网络，可能会导致网络拓扑变更。

当端口进入“err-disabled”状态后，端口将被关闭，丢弃任何报文，需要使用 **errdisable recovery** 命令手工启用端口，或者使用 **errdisable recovery interval** *time* 命令设置超时间隔，此时间间隔过后，端口将自动被启用。

5．管理 BPDU Filter 安全

正常情况下，交换机会向所有启用的接口发送 BPDU 报文，以便进行生成树的选举与拓扑维护。但是如果交换机的某个端口连接的为终端设备，如 PC 机、打印机等，而这些设备无需参与 STP 计算，所以无需接收 BPDU 报文，可以使用 BPDU 过滤（BPDU Filter）功能禁止

BPDU 报文从端口发送出去。

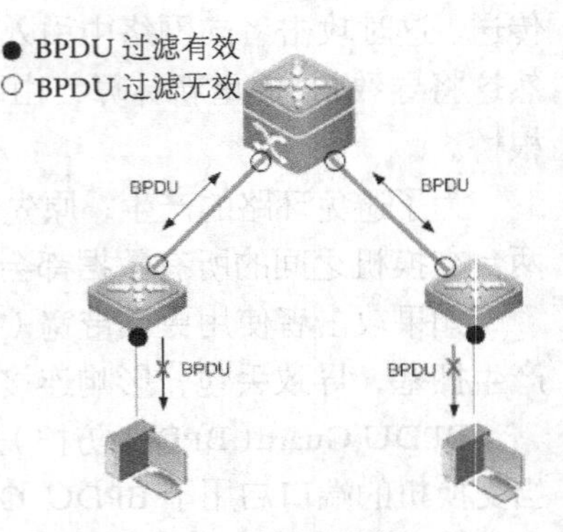

图 7-13 BPDU Filter

如图 7-13 所示，可以在接入层交换机上的访问端口上启用 BPDU Filter 功能，这样就可以避免这些设备，接收到多余的BPDU 报文。

与 BPDU Guard 一样，默认情况下 BPDU Filter 功能是关闭的，需要手工启用。启用 BPDU Filter 同样可以在全局等级或者接口等级启用，但两种方法存在一些差别。

在全局模式下，使用如下命令，可以在启用了 PortFast 的端口上启用 BPDU Filter 功能：

```
spanning-tree  bpdufilter default
```

当配置了这条命令后，如果某个接口启用了 PortFast 特性，那么交换机不再将 BPDU 报文从此端口发送出去，但是当接口收到 BPDU 报文后，交换机会将端口改回正常的 STP 操作。

通常启用 PortFast 特性的端口都为接入（Access）端口，这些端口通常连接的都是终端设备，它们无需接收 BPDU 报文。但当从端口接收到 BPDU 报文后，表示连接到端口的可能为网桥设备，为了防止环路的产生，端口将放弃 BPDU Filter 功能，向端口发送 BPDU 报文。

在接口模式下使用如下命令可以基于每接口启用或禁用 BPDU Filter 功能：

```
spanning-tree bpdufilter { enable | disable }
```

在接口启用 BPDU Filter 特性时，端口的操作与之前全局性的启用此功能会有差别。当对某端口明确地启用 BPDU Filter 功能后，端口不但阻止 BPDU 被发送出去，而且将丢弃所有收到的 BPDU 报文，这点与全局性的启用 BPDU Filter 的操作是不同的。

以下示例为配置交换机的 BPDU Filter 功能。

```
Switch#configure
Switch(config)#interface fastEthernet 0/1
Switch(config-if)#spanning-tree bpdufilter enable
Switch#configure
Switch(config)#interface fastEthernet 0/1
Switch(config-if)#spanning-tree bpdufilter enable
Switch(config-if)#end

Switch#configure
Switch(config)#spanning-tree portfast bpdufilter default
Switch(config)#interface fastEthernet 0/2
Switch(config-if)#spanning-tree portfast
Switch(config-if)#end
```

使用如下命令可以查看接口 BPDU Filter 特性的状态：

```
Switch#show spanning-tree interface fastEthernet 0/1
……
```

7.8 网络风暴控制安全

由于以太网的工作机制，广播和冲突是一个交换网络最常见的现象，如何有效地控制网络中的广播和冲突，是优化网络、提供网络传输效率的关键工作之一。

控制网络中广播的技术很多，如虚拟局域网 VLAN 技术、生成树技术及子网技术等，都从不同的技术领域控制网络的广播风暴产生。

1．风暴控制工作原理

所谓局域网风暴是指大量的数据包泛洪到网络中，浪费大量宝贵的带宽资源和系统资源，造成网络性能降低。产生风暴现象可能有多种原因，如协议栈中的错误实现、BUG，网络设备的错误配置，或者攻击者蓄意发动DoS（拒绝服务）攻击。

当交换机接收到广播帧、未知目的MAC地址的单播帧与组播帧后，则将数据帧转发到除接收端口以外的相同VLAN内的所有端口。交换机的这种转发机制会被攻击者所利用：例如，攻击者可以向网络中发送大量的广播帧，造成交换机泛洪，这样网络中（相同VLAN内）所有的主机都会接收到并处理泛洪的广播帧，造成主机或服务器等不能正常工作或提供正常的服务。

交换机的风暴控制是一种工作在物理端口的流量控制，它在特定时间周期内，监视端口收到数据帧，通过与配置阈值比较。如果超过阈值，交换机将暂时禁止相应类型的数据帧（未知目的MAC单播、组播或广播）的转发直到数据流恢复正常（低于阈值）。

交换机的风暴控制可以通过3种方法对收到的数据帧进行监视。

- **通过端口带宽的百分比：**当端口收到的数据所占用的带宽超过所设定的百分比后，如端口为100Mbit/s，百分比为5%，那么当接收的数据超过5Mbit/s后，端口将禁止数据帧的转发直到数据流恢复正常。
- **通过端口收到的报文的速率（page/s）：**当端口收到的报文速率超过设定的阈值后，如阈值为1000page/s，那么当接收到的报文速率超过每秒1000个报文后，端口将禁止数据帧的转发直到数据流恢复正常。
- **通过端口收到的数据的速率（kbit/s）：**当端口收到的数据速率超过设定的阈值后，如阈值为2048kbit/s，那么当接收到的数据速率超过2048kbit/s后，端口将禁止数据帧的转发直到数据流恢复正常。

使用风暴控制特性可以分别针对广播帧、组播帧和未知目的MAC地址的单播帧设定以上3种类型的阈值。当对组播帧和广播帧启用风暴控制时需恰当的设定各种阈值，因为阻塞广播帧和组播帧可能会导致某些协议或应用不能正常工作，造成网络连通性中断。

总之，风暴控制可以很好地缓解和避免由于各种原因所产生的网络数据风暴，节约了带宽及系统资源，同时也可以避免网络受到DoS泛洪攻击，提高了网络的性能和安全性。

2．配置三层交换机风暴控制

在不同型号的交换机上，风暴控制的默认状态是不同的。

一些交换机默认关闭所有端口的风暴控制功能，而一些交换机默认则开启针对特定报文类型的风暴控制功能，具体情况请以实际产品为准。

风暴控制的配置全部是在接口模式下进行的，使用如下命令可以手工开启该功能。

```
S3760(config-if)storm-control  broadcast
S3760(config-if)storm-control  multicast
S3760(config-if)storm-control  unicast

S3760(config-if)no storm-control broadcase
                        ! 开启广播风暴的控制功能，使用 no 选项可关闭它
```

默认情况下，交换机端口会将接收到的广播报文、未知名多播报文、未知名单播报文转发到同一个VLAN中的其他所有端口，这样造成其他端口负担的增加。

通过Port Blocking功能，可以配置一个接口拒绝接收其他端口转发的广播/未知名多播/

未知名单播报文，可以设置接口的 Port Blocking 功能，有针对性对广播/未知名多播/未知名单播报文中任意一种或者多种进行屏蔽，拒绝/接收其他端口转发的任意一种或多种报文。

```
switchport block broadcast      ! 打开对广播报文的屏蔽功能
switchport block multicast      ! 打开对未知名多播报文的屏蔽功能
switchport block unicast        ! 打开对未知名单播报文的屏蔽功能
```

【任务实施 1】实施交换机端口地址捆绑安全

图 7-14 所示的网络拓扑是学校办公网络场景。

为了防止学校内部用户 IP 地址冲突，防止老师随意配置地址接入外来主机，学校为每一位教师分配固定的 IP 地址，并且限制只允许学校教师主机才可以使用网络，不得随意连接其他主机。如为某教师办公用的计算机分配的 IP 地址是 172.16.1.5/24，机器的 MAC 地址是 0090.210E.55A0。

为了防止学校内部用户的 IP 地址冲突，防止学校内部的网络攻击和破坏行为，实施接入计算机 IP 地址、MAC 地址和交换机端口安全，保护校园网络接入安全。

从学校网络管理的安全性考虑，捆绑该教师的办公用计算机的 IP 地址及 MAC 地址到接入交换机的对应的端口上。在学校的办公网交换机端口上，实施严格的端口访问权限控制，保护校园网的安全。

【设备清单】

二层交换机（1 台），计算机（2 台）、网线（2 条）。

【工作过程】

（1）安装网络工作环境。

按图 7-14 所示网络拓扑，连接设备，组建网络场景，注意设备连接接口编号。

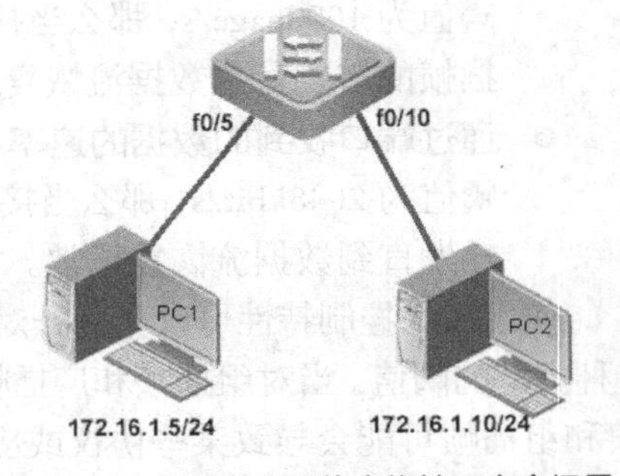

图 7-14　校园办公网络实施端口安全场景

（2）IP 地址规划。

按表 7-2 规划设置 PC1 和 PC2 地址信息。

表 7-2　办公网络地址规划

设备名称	IP 地址	子网掩码	网关	备注
PC1	172.16.1.5	255.255.255.0	无	Fa0/5 接口
PC2	172.16.1.10	255.255.255.0	无	Fa0/10 接口

（3）测试网络连通性。

分别打开两台 PC“网络连接”属性窗口，选择“常规”选项卡中“Internet 协议（TCP/IP）”项，单击“属性”按钮，配置规划好 IP 地址。

配置地址后，使用 Ping 命令，检查两台 PC 间连通情况。

在 PC1 上：单击“开始”，选择“运行”，在打开“运行”对话框中，输入“CMD”命令，转到 DOS 方式下，使用命令“Ping”测试连通性。

```
Ping  172.16.1.10
!!!!!
```

由于交换机没有进行任何配置，网络内的两台 PC 之间能实现正常连通。

（4）配置交换机端口安全。

配置交换机端口最大连接数限制。

```
Switch#configure terminal
Switch（config）#interface range fastethernet 0/1-23
Switch（config-if-range）#switchport port-security
Switch（config-if-range）#switchport port-security maximum 1
Switch（config-if-range）#switchport port-security violation shutdown
```

验证测试：查看交换机端口安全配置。

```
Switch#show port-security
……
```

配置交换机端口的地址绑定。

查看主机 PC1 的 IP 和 MAC 地址。在 PC1 主机上打开 CMD 命令提示符窗口，执行“ipconfig/all”命令，查看 PC1 的 IP 和 MAC 地址信息：001B.2453.A88F，如图 7-15 所示。

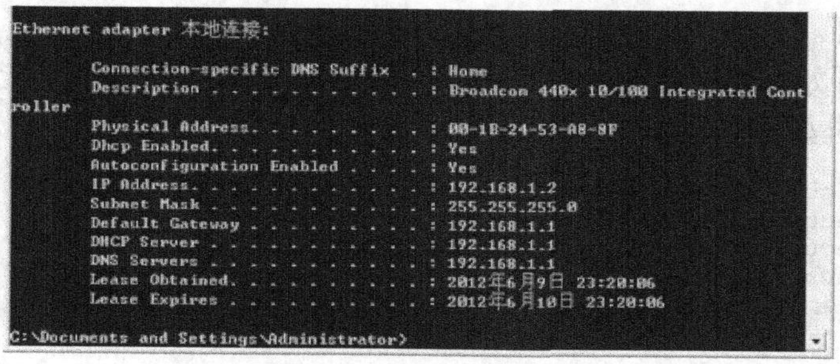

```
Ethernet adapter 本地连接:

        Connection-specific DNS Suffix  . : Home
        Description . . . . . . . . . . . : Broadcom 440x 10/100 Integrated Cont
roller
        Physical Address. . . . . . . . . : 00-1B-24-53-A8-8F
        Dhcp Enabled. . . . . . . . . . . : Yes
        Autoconfiguration Enabled . . . . : Yes
        IP Address. . . . . . . . . . . . : 192.168.1.2
        Subnet Mask . . . . . . . . . . . : 255.255.255.0
        Default Gateway . . . . . . . . . : 192.168.1.1
        DHCP Server . . . . . . . . . . . : 192.168.1.1
        DNS Servers . . . . . . . . . . . : 192.168.1.1
        Lease Obtained. . . . . . . . . . : 2012年6月9日 23:20:06
        Lease Expires . . . . . . . . . . : 2012年6月10日 23:20:06

C:\Documents and Settings\Administrator>
```

图 7-15　查看主机 PC1 的 IP 和 MAC 地址

配置交换机端口的地址绑定。

```
Switch#configure terminal
Switch（config）#interface fastethernet 0/5
Switch（config-if）#switchport port-security
Switch( config-if )#switchport port-security mac-address 001B.2453.A88F   Ip-address
172.16.1.5              ! 配置地址绑定
Switch（config-if）#no shutdown
```

查看地址绑定配置。

```
Switch#show port-security address
```

（5）测试网络①。

使用表 7-2 的地址，测试网络连通。网络在实施交换机端口安全后，由于使用授权安全地址，所以网络保持连通。

```
Ping  172.16.1.10
!!!!!
```

（6）测试网络②。

把图 7-14 拓扑中的两台 PC 互换，分别连接交换机对端接口后，测试网络。

由于交换机实施了端口安全，交换机 FA0/5 配置端口安全，任何未授权 IP 和 MAC 地址都不允许接入网络。PC2 是非授权安全地址，不允许接入 FA0/5 端口。所以测试结果表明无法实现网络正常通信。

```
Ping  172.16.1.10
```

```
......
```

（7）测试网络③。

两台 PC 再次互换，恢复到各自连接交换机初始接口，再一次测试网络。

```
Ping  172.16.1.10
......
```

由于交换机实施端口安全，交换机 FA0/5 配置了端口安全，因为前面操作的违例，造成了端口的 Shutdown，所以测试结果 PC 间仍无法连通。

想再次开启 Fa0/5 端口恢复网络连通，no shutdown 不管用，必须在全局模式下，使用“errdisable recovery”命令，手工将其恢复为 UP 状态。

再次测试网络，网络能实现连通。

```
Ping  172.16.1.10
!!!!!
```

（8）查看验证。

在特权模式开始，通过下面的命令，登录交换机，查看交换机端口安全的配置信息，测试为交换机配置的安全项目内容。

```
show port-security interface Fa0/5            ! 查看接口的端口安全配置信息
show port-security address                    ! 查看安全地址信息
Show port-security interface Fa0/5 address    ! 显示某个接口上的安全地址信息
Show port-security
! 显示所有安全端口统计信息，包括最大安全地址数，安全地址数及违例处理方式等
```

【任务实施 2】配置交换机保护端口安全

期末考试期间，学校需要在机房进行上机考试，机房的网络结构如图 7-16 所示。

由二层交换机连接学生 PC 机和教师机，学生 PC 考试期间，需要互相隔离，不允许相互访问，只能同教师机进行通信。

在二层交换机上划分 VLAN，把每个端口加入不同 VLAN，不仅会浪费 VLAN 资源，也无法解决和教师机互通问题。解决此问题一个好办法就是采用保护端口技术。

在接入交换机上实施端口保护，将需要控制端口（连接学生 PC 端口）配置为保护端口，实现学生 PC 之间隔离；而连接教师机的端口不做配置，为非保护端口，学生 PC 可以和教师 PC 互访，拓扑如图 7-17 所示，其中 PC1、PC2 是学生机。

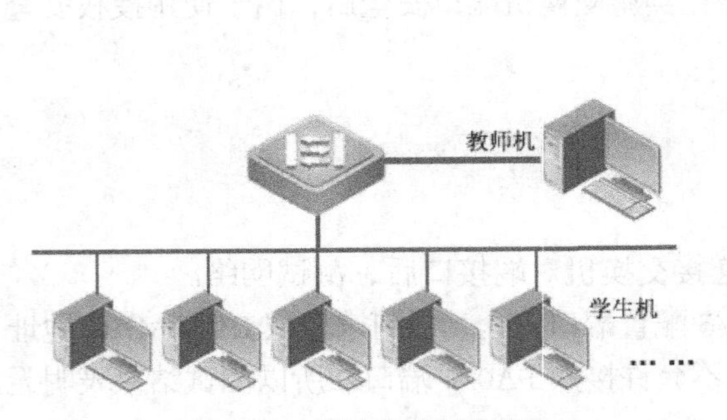

图 7-16 学校机房考试环境

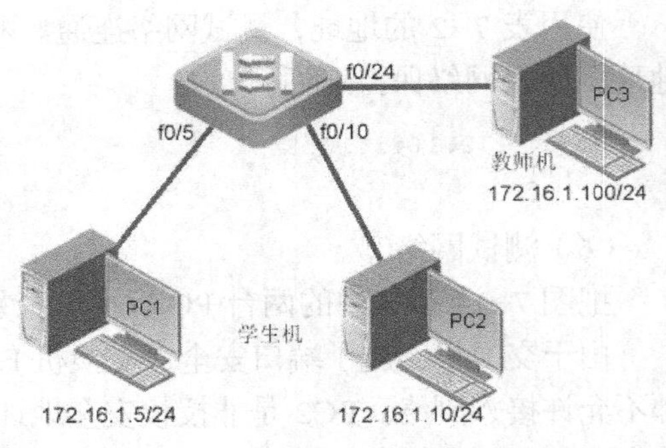

图 7-17 学校机房考试环境

【设备清单】

二层交换机（1台），计算机（3台）、网线（3条）。

【工作过程】

（1）安装网络工作环境。

按图7-17所示网络拓扑，连接设备，组建网络场景，注意设备连接接口编号。

（2）IP地址规划。

按表7-3规划地址结构，设置PC1、PC2和PC3地址。

表7-3 学校机房设备IP地址

设备名称	IP地址	子网掩码	网关	备注
PC1	172.16.1.5	255.255.255.0	无	Fa0/5接口
PC2	172.16.1.10	255.255.255.0	无	Fa0/10接口
PC3教师机	172.16.1.100	255.255.255.0	无	Fa0/24接口

（3）测试网络连通性。

在PC1计算机上，转到DOS环境，使用“ping”命令来测试到全网的互通性。

由于是交换机连接的交换网络，交换机未实施任何安全保护，以上测试均能连通。

（4）配置交换机保护端口。

交换机上配置端口保护，将交换机的端口fa0/1-fa0/23设置为保护端口。

```
Switch >enable
Switch(config)#configure  terminal
Switch(config)#interface range fa 0/1-23
Switch  (config-if-range)#switchport protected
Switch  (config-if-range)#no shutdown
Switch  (config-if-range)#end
Switch #
```

（5）显示保护端口中的端口信息。

```
Switch #show interfaces switchport
……
```

（6）测试网络连通性①。

在PC1计算机上，转到DOS环境，使用“ping”命令来测试到全网的互通性。

由于是交换机的fa0/1-23端口，实施保护端口安全保护，测试结果是学生计算机之间互相隔离，但能和教师机连通。

```
Ping  172.16.1.10       ! 测试和学生机连接
……
Ping  172.16.1.100      ! 测试和教师机连接
!!!!!
```

（7）取消端口保护。

```
Switch >enable
Switch(config)#configure  terminal
Switch(config)#interface range fa 0/1-23
Switch  (config-if-range)# no switchport protected
Switch  (config-if-range)#no shutdown
Switch  (config-if-range)#end
```

（8）测试网络连通性②。

由于是交换机的 fa 0/1-23 端口，取消了保护端口配置，测试结果是全网之间都能连通。

```
Ping  172.16.1.10        ! 测试和学生机连接
!!!!!
Ping  172.16.1.100       ! 测试和教师机连接
!!!!!
```

【任务实施 3】配置交换机端口镜像安全

为了解网络的传输状况，需要对校园网络中的传输流量进行手动分析。

为了提高校园网络的安全，需要管理员进行手工分析的异常流量，因此配置校园网的接入交换机端口镜像技术，将异常的流量镜像到管理员计算机上，然后抓取数据包，通过 Sniffer 数据包分析软件，实现网络的安全防范功能，如图 7-18 所示。

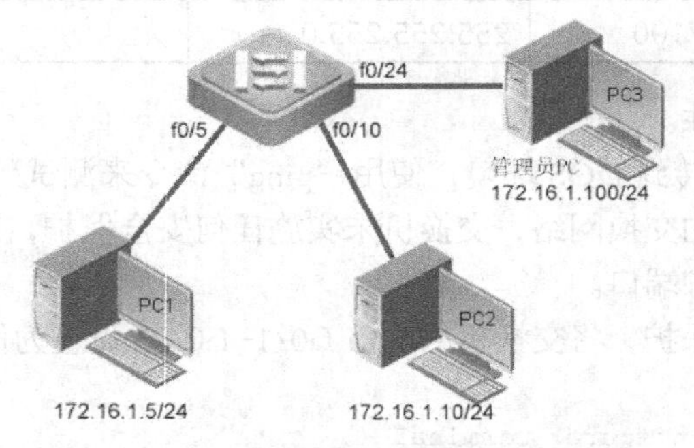

图 7-18　配置交换机端口镜像

【设备清单】

二层交换机（1 台），计算机（3 台）、Ethereal 抓包软件、网线（3 条）。

【工作过程】

（1）安装网络工作环境。

按图 7-18 所示网络拓扑，连接网络设备，组建网络场景，注意设备连接的接口编号。

（2）IP 地址规划。

按表 7-4 规划地址结构，设置 PC1、PC2 和 PC3 地址。

表 7-4　学校机房设备 IP 地址

设备名称	IP 地址	子网掩码	网关	备注
PC1	172.16.1.5	255.255.255.0	无	Fa0/5 接口
PC2	172.16.1.10	255.255.255.0	无	Fa0/10 接口
PC3 教师机	172.16.1.100	255.255.255.0	无	Fa0/24 接口

（3）测试网络连通性。

在 PC1 计算机上，转到 DOS 环境，使用“ping”命令来测试到全网的互通性。

由于是交换机连接的交换网络，交换机未实施任何安全保护，以上测试均能连通。

（4）配置交换机镜像口。

使用下列命令配置交换机被监控端口和监控端口。

```
Switch #configure terminal
Switch (config)#monitor session 1 source interface fastEthernet 0/5 both
                                                    ! 配置被监控端口 F0/5
Switch (config)#monitor session 1 destination interface f0/24
                                                    ! 配置监控端口 F0/24
Switch (config)#monitor session 1 source interface fastEthernet 0/10 both
                                                    ! 配置被监控端口 F0/10
Switch (config)#monitor session 1 destination interface fastEthernet 0/24
```

在特权模式下使用“show running-config”命令，显示当前生效的端口镜像配置信息。

```
show running-config
……
```

（5）验证交换机镜像口①。

在教师机 PC3 计算机上，使用“Ping”命令，测试网络中的计算机之间连通性。

```
Ping  172.16.1.5          ! 测试和学生机 1 连接
!!!!!
Ping  172.16.1.10         ! 测试和学生机 2 连接
!!!!!
```

同一台交换机上互相连接的计算机之间，能实现正常通信，网络之间可以相互连通。

在教师机 PC3 安装 Ethereal 抓包软件，该软件为网络上共享软件，直接在网络上下载使用。

在 PC3 上运行 Ethereal 抓包软件，设置好抓包参数后，准备捕获被监控计算机的数据包信息。

在学生机器的 PC1 上，转到 DOS 状态，运行“ping 172.16.1.10 –t”命令，可以看到作为镜像口上连接的教师机，接收到来自网络上被监控计算机上的数据包信息。如图 7-19 所示。

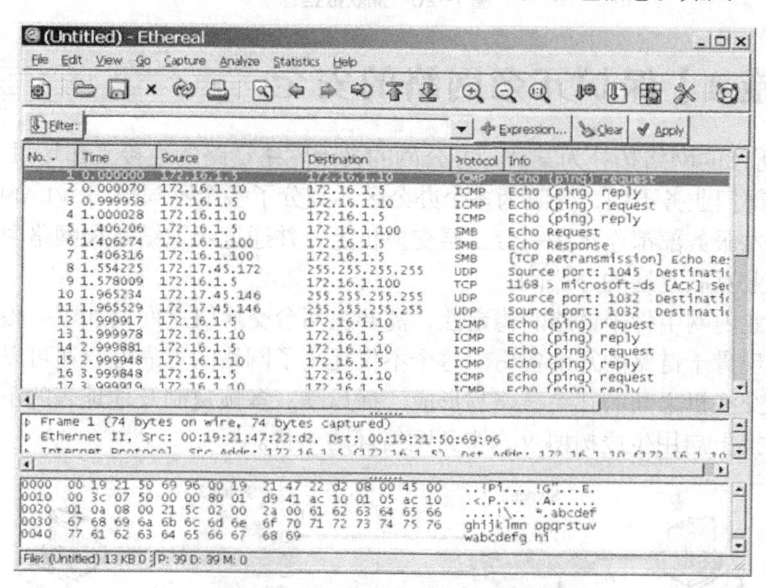

图 7-19 捕获数据包

（6）取消交换机镜像口。

在全局配置模式下，删除 SPAN 会话。

```
Switch #configure terminal
Switch (config)#no monitor session 1  source interface fastEthernet 0/5,0/10 both
Switch (config)#no monitor session 1 destination interface fastEthernet 0/24
```

```
Switch (config)#end
Switch #show running-config
…… ……
```

（7）验证交换机镜像口②。

在学生机器的 PC1 上，转到 DOS 状态，运行“ping 172.16.1.10 –t”命令，然后再启动 Ethereal 抓包软件，如图 7-20 所示，已经抓不到 ICMP 包了。

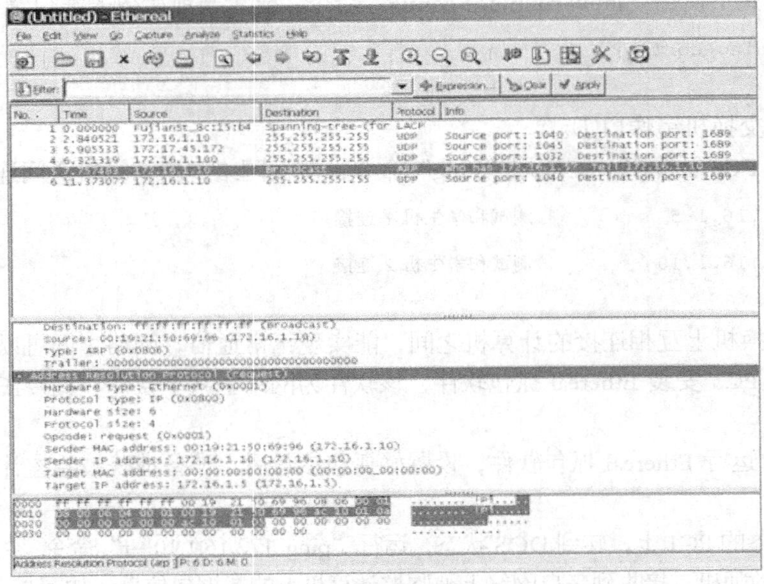

图 7-20　捕获数据包

【任务实施 4】保护冗余网络的安全

图 7-21 所示的网络拓扑为某公司办公网的骨干网络链路的连接工作场景。

公司按照部门业务不同，分隔为多个办公区，划分了多个不同部门 VLAN。其中：公司的销售部和技术服务部都连接在一台二层交换机上，并通过干道链路和网络中心三层交换机连接，组成企业互联互通的办公网。

为增强企业内网中骨干链路的稳定性，需要在两台交换机之间增加了一根链路，采用双链路连接，实现骨干链路的冗余备份。这个不仅提高了网络的可靠性，还可以通过聚合提高网络带宽。但交换机之间的冗余链路易形成广播风暴、多帧复制及地址表的不稳定等危害，因此需要在交换上启用生成树协议，避免网络环路干扰。

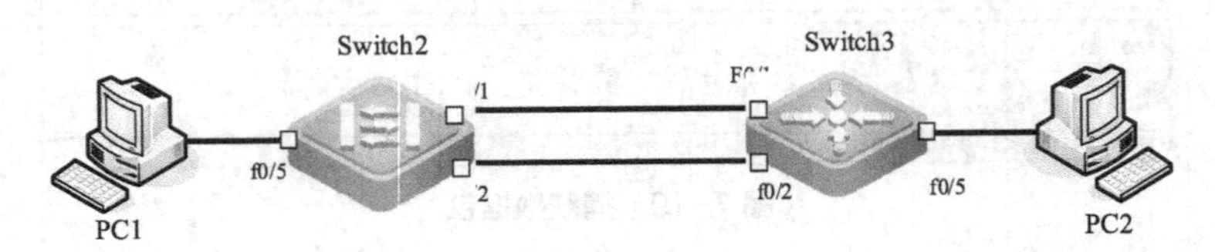

图 7-21　办公网冗余备份实验拓扑

【设备清单】交换机（2 台），网线（若干），测试 PC（若干）。

【工作过程】

（1）在两台交换机上配置聚合端口。

```
Switch# configure terminal
Switch(config)# hostname Switch-2          ！配置办公网二层接入交换机
Switch-2(config)# interface range fastEthernet 0/1-2
Switch-2(config-if-range)# port-group 1
                         ！将端口 Fa0/1～2 加入聚合端口 1，同时创建该聚合端口
Switch-2 (config-if-range)# exit
Switch-2 (config)#

Switch# configure terminal
Switch(config)# hostname Switch-3          ！配置办公网三层汇聚交换机
Switch-3(config)# interface range fastEthernet 0/1-2
Switch-3(config-if-range)# port-group 1
                       ！将端口 Fa0/1～2 加入聚合端口 1，同时创建该聚合端口
Switch-3 (config-if-range)# exit
Switch-3 (config)#
```

（2）将聚合端口设置为 Trunk。

```
Switch-2 (config)# interface aggregateport 1          ！打开聚合端口 AG1
Switch-2 (config-if)# switchport mode trunk           ！设置聚合端口 AG1 为 trunk 端口
Switch-2 (config-if)# exit

Switch-3 (config)# interface aggregatePort 1
Switch-3 (config-if)# switchport mode trunk
Switch-3 (config-if)# exit
```

（3）在两台交换机上启用 RSTP。

```
Switch-2 (config)# spanning-tree                 ！启用二层交换机生成树协议
Switch-2 (config)# spanning-tree mode rstp
                                                 ！修改生成树协议的类型为 RSTP

Switch-3 (config)# spanning-tree                 ！启用三层交换机生成树协议
Switch-3 (config)# spanning-tree mode rstp
                                                 ！修改生成树协议的类型为 RSTP
```

（4）查看 RSTP 生成树信息。

启用 RSTP 之后，使用 show spanning-tree 命令观察交换机生成树工作状态。

```
Switch-3# show spanning-tree
StpVersion : RSTP
SysStpStatus : ENABLED
MaxAge : 20
HelloTime : 2
ForwardDelay : 15
BridgeMaxAge : 20
BridgeHelloTime : 2
BridgeForwardDelay : 15
MaxHops: 20
TxHoldCount : 3
PathCostMethod : Long
BPDUGuard : Disabled
BPDUFilter : Disabled
BridgeAddr : 00d0.f821.a542
Priority: 32768
TimeSinceTopologyChange : 0d:0h:0m:9s
TopologyChanges : 2
DesignatedRoot : 8000.00d0.f821.a542
RootCost : 0
RootPort : 0
```

以上信息显示：两台交换机已正常启用 RSTP 协议；由于 MAC 地址较小，Switch-3 被

选举为根网桥，优先级是32768；根端口是Fa0/1；两台交换机计算路径成本方法都是长整型。为了保证Switch-3选举为根桥，需要提高Switch-3优先级。

（5）配置RSTP生成树优先级。

指定三层交换机为根网桥，二层交换机F0/2口为根口，指定两台交换机端口路径成本计算方法为短整型。

```
Switch-3 (config)# spanning-tree priority ?
  <0-61440>  Bridge priority in increments of 4096
                ！查看网桥优先级配置范围，0～61440之内，必须是4096倍数
Switch-3 (config)# spanning-tree priority 4096          ！配置优先级为4096
                ！配置交换机Switch-3优先级为高，设该交换机为根交换机

Switch-3 (config)# interface fastEthernet 0/2
Switch-3 (config-if)# spanning-tree port-priority ?
  <0-240>  Port priority in increments of 16
                ！查看端口优先级配置范围，0～ 240之内，必须是16倍数
Switch-3 (config-if)# spanning-tree port-priority 96        ！修改F0/2端口优先级96
Switch-3 (config-if)# exit
Switch-3 (config)# spanning-tree pathcost method short
                                         ！修改计算路径成本的方法为短整型

Switch-2 (config)#
Switch-2 (config)# spanning-tree pathcost method short
                                         ！修改计算路径成本的方法为短整型
Switch-2 (config)# exit
```

（6）查看生成树的配置信息。

```
Switch-3 # show spanning-tree
StpVersion : RSTP
SysStpStatus : ENABLED
MaxAge : 20
HelloTime : 2
ForwardDelay : 15
BridgeMaxAge : 20
BridgeHelloTime : 2
BridgeForwardDelay : 15
MaxHops: 20
TxHoldCount : 3
PathCostMethod : Short
BPDUGuard : Disabled
BPDUFilter : Disabled
BridgeAddr : 00d0.f821.a542
Priority: 4096
TimeSinceTopologyChange : 0d:0h:0m:34s
TopologyChanges : 7
DesignatedRoot : 1000.00d0.f821.a542
RootCost : 0
RootPort : 0

Switch-3 # show spanning-tree interface fastEthernet 0/1
PortAdminPortFast : Disabled
PortOperPortFast : Disabled
PortAdminLinkType : auto
PortOperLinkType : point-to-point
PortBPDUGuard : disable
PortBPDUFilter : disable
PortState : forwarding
PortPriority : 128
PortDesignatedRoot : 1000.00d0.f821.a542
PortDesignatedCost : 0
PortDesignatedBridge :1000.00d0.f821.a542
PortDesignatedPort : 8001
PortForwardTransitions : 2
PortAdminPathCost : 19
PortOperPathCost : 19
```

```
PortRole : designatedPort

Switch-3 # show spanning-tree interface fastEthernet 0/2
PortAdminPortFast : Disabled
PortOperPortFast : Disabled
PortAdminLinkType : auto
PortOperLinkType : point-to-point
PortBPDUGuard : disable
PortBPDUFilter : disable
PortState : forwarding
PortPriority : 96
PortDesignatedRoot : 1000.00d0.f821.a542
PortDesignatedCost : 0
PortDesignatedBridge :1000.00d0.f821.a542
PortDesignatedPort : 6002
PortForwardTransitions : 4
PortAdminPathCost : 19
PortOperPathCost : 19
PortRole : designatedPort
```

观察到 Switch-3 优先级已被修改为 4096，Fa0/2 端口优先级也被修改成 96，在短整型计算路径成本的方法中，两个端口的路径成本都是 19，都处于转发状态。

（7）验证配置。

在交换机 Switch-3 上长时间 ping 交换机 Switch-2，其间断开 Switch-2 端口 Fa0/2，观察替换端口能够在多长时间内成为转发端口。

```
Switch-3# ping 192.168.1.2 ntimes 1000
                                        ! 使用 ping 命令的 ntimes 参数指定 ping 的次数
……
Success rate is 99 percent (998/1000), round-trip min/avg/max = 1/1/10 ms
! 可看到替换端口变成转发端口过程中，丢失 2 个 ping 包，中断时间小于 20ms。
```

PART 8 项目 8 保障不同子网之间的安全

核心技术

- 实施访问控制列表安全

学习目标

- 掌握访问控制列表技术
- 掌握基于编号标准访问控制列表技术
- 掌握基于编号扩展访问控制列表技术
- 掌握基于时间访问控制列表技术

8.1 访问控制列表技术

访问控制列表技术是一种重要的数据包安全检查技术，配置在三层网络互联设备上，为连接的网络提供安全保护功能。访问控制列表中配置了一组网络安全控制和检查的命令列表，通过应用该列表在交换机或者路由器的三层接口上，这些安全指令列表将检测三层设备的工作状态，允许哪些数据包可以通过三层设备，哪些数据包将被拒绝。

至于具有什么样特征的数据包被接收还是被拒绝，由数据包中携带的源地址、目的地址、端口号、协议等包的特征信息和访问控制列表中的指令匹配来决定。

访问控制列表 ACL（Access Control List）技术通过对网络中所有的输入和输出访问的数据流进行控制，过滤掉网络中非法的、未授权的数据服务包。通过限制网络中的非法数据流，实现对通信流量起到控制的作用，提高网络安全性能。

ACL 安全技术是一种应用在交换机与路由器上的三层安全技术，其主要目的是对网络数据通信进行过滤，从而实现各种安全访问控制需求。

ACL 技术通过数据包中的五元组（源 IP 地址、目标 IP 地址、协议号、源端口号、目标端口号）来区分网络中特定的数据流，并对匹配预设规则成功的数据采取相应的措施，允许（permit）或拒绝（deny）数据通过，从而实现对网络的安全控制。

1．访问控制列表概述

（1）什么是访问控制列表（ACL）技术。

访问控制列表 ACL 安全技术，简单地说便是数据包过滤。网络管理人员通过对网络互联设备的配置管理来实施对网络中通过的数据包的过滤，从而实现对网络中的资源进行访问输入和输出的访问控制。

配置在网络互联设备中的访问控制列表 ACL 检查规则，实际上是一张规则检查表，这些表中包含了很多简单的指令规则，告诉交换机或者路由器设备，哪些数据包可以接收，哪些数据包需要被拒绝。

交换机或者路由器设备按照 ACL 中的指令顺序执行这些规则，处理每一个进入或输出端口的数据包，实现对进入或者流出网络互联设备中的数据流过滤。通过在网络互联设备中灵活地增加访问控制列表，可以作为一种网络控制的有力工具，过滤流入和流出数据包，确保网络的安全，因此 ACL 也称为软件防火墙，如图 8-1 所示。

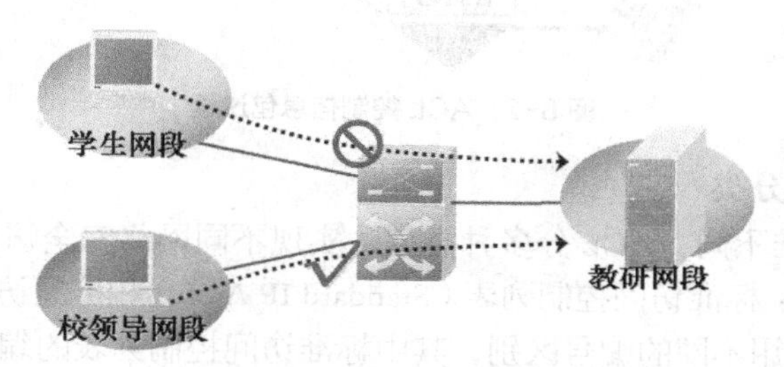

图 8-1　ACL 控制不同的数据流通过网络

（2）访问控制列表的作用。

ACL 提供一种安全访问选择机制，可以控制和过滤通过网络互联设备上接口信息流，对该接口上进入、流出的数据进行安全检测。

其主要的安全功能如下。

- 提供网络安全访问控制手段。如允许主机 A 访问 FTP 网络，而拒绝主机 B 访问。
- 过滤数据流。ACL 应用在网络设备的输入、输出接口处，决定不同类型的通信流被转发或阻塞。如允许 E-mail 访问，而拒绝 Telnet 服务。
- 限制网络访问流量，从而提高网络性能。ACL 可以根据数据包中标识的协议信息，指定数据包的优先级。
- 提供对通信流量的控制手段。ACL 可以限定或简化路由更新信息的长度，从而限制通过某一网段的通信流……

（3）使用访问控制列表。

首先需要在网络互联设备上定义 ACL 规则，然后将定义好的规则应用到检查的接口上。该接口一旦激活以后，就自动按照 ACL 中配置的命令，针对进出的每一个数据包特征进行匹配，决定该数据包被允许通过还是拒绝。在数据包匹配检查的过程中，指令的执行顺序自上向下匹配数据包，逻辑地进行检查和处理。

如果一个数据包头特征的信息与访问控制列表中的某一语句不匹配，则继续检测和匹配列表中的下一条语句，直达最后执行隐含的规则，ACL 具体的执行流程如图 8-2 所示。

所有的数据包在通过启用了访问控制列表的接口时，都需要找到与自己匹配的指令语句。如果某个数据包匹配到访问控制列表的最后，还没有与其相匹配的特征语句，按照一切危险的将被禁止的安全规则，该数据包仍将被隐含的“拒绝”语句拒绝通过。

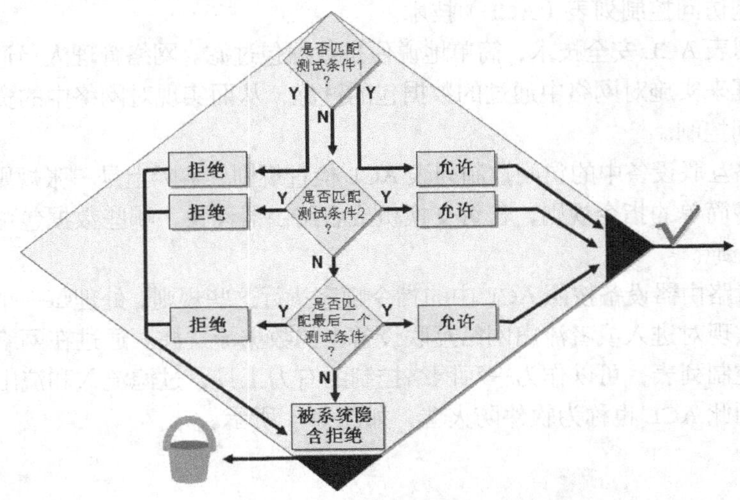

图 8-2　ACL 控制信息包过程

2．访问控制列表分类

根据访问控制标准不同，ACL 分多种类型，实现不同网络安全访问控制权限。

常见 ACL 有两类：标准访问控制列表（Standard IP ACL）和扩展访问控制列表（Extended IP ACL），在规则中使用不同的编号区别，其中标准访问控制列表的编号取值范围为 1～99；扩展访问控制列表的编号取值范围为 100～199。

两种编号的 ACL 区别是，标准的编号 ACL 只匹配、检查数据包中携带的源地址信息；扩展编号 ACL 不仅仅匹配数据包中源地址信息，还检查数据包的目的地址，以及数据包的特定协议类型、端口号等。扩展访问控制列表规则大大扩展了网络互联设备对三层数据流的检查细节，为网络的安全访问提供了更多的访问控制功能。

8.2　基于编号标准访问控制列表

标准访问控制列表（Standard IP ACL）检查数据包的源地址信息，数据包在通过网络设备时，设备解析 IP 数据包中的源地址信息，对匹配成功的数据包采取拒绝或允许操作。

在编制标准的访问控制列表规则时，使用编号 1～99 来区别同一设备上配置的不同标准访问控制列表条数。

标准访问控制列表中，对数据的检查元素仅是源 IP 地址。部署 ACL 技术的顺序是：

- 分析需求；
- 编写规则；
- 根据需求与网络结构将规则应用于交换机或路由的特定接口。

为帮助理解标准访问控制列表应用规则，下面以一个标准访问控制列表为例，说明应用 ACL 时的步骤及注意事项。

某企业一分公司，内部规划使用 IP 地址为 C 类 172.16.0.0。通过公司的网络中心控制所有网络。现在公司规定：只允许来自 172.16.1.0 网络主机访问服务器 172.17.1.1，其他网络中的主机禁止访问服务器 172.17.1.1 服务，网络拓扑结构如图 8-3 所示。

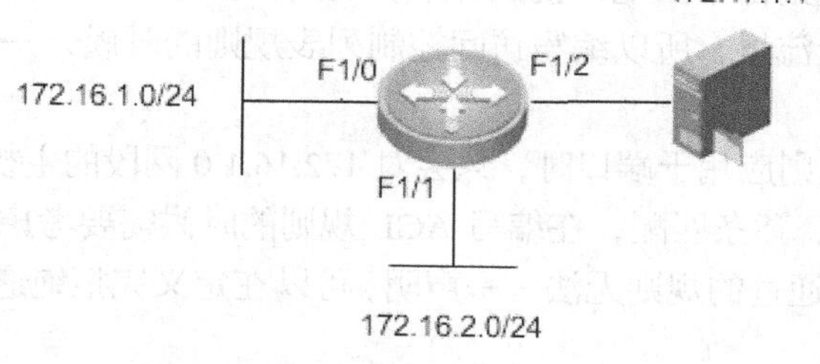

图 8-3 标准 IP ACL

1．标准的 IP ACL 需求分析

标准访问控制列表 ACL 只检查 IP 数据包中源 IP 地址信息，以达到控制网络中数据包的流向。在安全设施过程中，要阻止来自某一特定网络中所有的通信流，或允许来自某一特定网络的所有通信流，使用标准访问控制列表来实现。

标准访问控制列表检查路由中数据包源地址，允许或拒绝基于网络、子网或主机 IP 地址通信流，通过网络设备出口。

在以上某公司的网络安全需求中，172.16.1.0/24 网段内的主机不可访问 IP 地址为 172.17.1.1 的服务器，其他主机访问服务器不受限制。要实现这点，需要在公司网络中心的路由器上配置标准型访问控制列表，实施网络安全。

2．编写标准的 IP ACL 规则

在网络互联设备上配置标准访问控制列表规则，使用以下的语法格式。

```
Access-list  list-number  {permit | deny}  source--address  [ wildcard-mask ]
```

其中

- *access-list-number*：所创建的 ACL 的编号，区别不同 ACL 规则序号，标准的 IP ACL 的编号范围是 1～99 和 1300～1999。
- permit | deny：对匹配此规则的数据包需要采取的措施，permit 表示允许数据包通过，deny 表示拒绝数据包通过。
- any：表示任何源地址。
- *source*：需要检测的源 IP 地址或网段。
- *source-wildcard*：需检测的源 IP 地址的反向子网掩码，是源 IP 地址通配符比较位，也称反掩码，限定匹配网络范围。

在本例中，只需要过滤源 IP 地址属于 172.16.1.0 网段数据，因此源 IP 前 3 个字段为需要检查字段，所以在本例中 IPACL 规则可以写为：

```
Router # configure terminal
Router ( config ) # access-list 1 permit  172.16.1.0  0.0.255.255
                  !  允许所有来自 172.16.1.0 网络中数据包通过，访问 FTP 服务器
Router ( config ) # access-list 1 deny  0.0.0.0  255.255.255.255
                  !  其他所有网络的数据包都将丢弃，禁止访问 FTP 服务器
```

IP 地址后面配置的通配符屏蔽码为 0.0.0.255，表示检查控制网络的范围。

在应用 ACL 时需要注意的是，在 ACL 中，默认规则是拒绝所有。也就是说，在上述访问控制列表规则中还有一条隐含规则：access-list 1 deny any。

ACL 的检查原则是从上至下，逐条匹配，一旦匹配成功就执行动作，跳出列表。如果访

问控制列表中的所有规则都不匹配，就执行默认规则，拒绝所有。如本例中的访问控制列表规则会拒绝所有的数量流量，所以编写访问控制列表规则的时候，一定需要注意最后的默认规则拒绝所有。

这样修改后，将规则应用于端口时，只会对 172.16.1.0 网段的主机访问服务器进行限制。由于 ACL 是自上而下，逐条匹配，在编写 ACL 规则的时候需要考虑的是，更精确的规则通常写在前面，如果允许通过的规则无法一一声明，可以在定义完拒绝通过的规则后利用 permit any 来结束。

当然也可以拒绝来自 172.16.1.0 网络中一台主机上网，对网络中一台主机进行过滤。通过增加通配符掩码 0.0.0.0 达到限制网络范围的目的。如拒绝该网络中 IP 地址为 172.16.1.10 主机访问 FTP 服务器，可以使用下列语句。

```
Router # configure terminal
Router (config) # access-list 1 deny  172.16.1.10  0.0.0.0
Router (config) # access-list 1  permit  any
！将来自 172.16.1.0 网络中，IP 地址为 172.16.1.10 的主机发来数据包丢弃，允许网络中其他所有主机发送来数据包通过
```

对于此种类型的单台主机的访问控制操作，也可以使用 host 关键字来简化操作。host 表示一种精确的匹配，屏蔽码为 0.0.0.0。如以上配置操作采用关键字 host 来表示，则可以书写为：access-list 10　deny　host 172.16.1.10。

除可以利用关键字“host”来代表通配符掩码 0.0.0.0 外，关键字“any”也可以作为网络中所有主机的源地址的缩写，代表通配符掩码 0.0.0.0 255.255.255.255 的含义。any 是 255.255.255.255 的简写，表示网络中的所有主机。如 172.16.0.0　255.255.255.255 则指整个 172.16.0.0 网络。

3．应用标准的 IP ACL 规则

在网络设备上配置好访问控制列表规则后，还需要把配置好的访问控制列表应用在对应的接口上，只有当这个接口激活以后，匹配规则才开始起作用。

因此配置访问控制列表需要 3 个步骤：

（1）定义好访问控制列表规则；

（2）指定访问控制列表所应用的接口；

（3）定义访问控制列表作用于接口上的方向。

访问控制列表主要的应用方向是接入（In）检查和流出（Out）检查。In 和 Out 参数可以控制接口中不同方向的数据包。

相对于设备的某一端口而言，当要对从设备外的数据经端口流入设备时做访问控制，就是入栈（In）应用；当要对从设备内的数据经端口流出设备时做访问控制，就是出栈（Out）应用。如果不配置该参数，默认为 out。

将一个标准的 ACL 规则应用到某一接口上，其语法指令为：

```
Router # configure terminal
Router (config) # interface fa0/1
Router (config-if) # IP  access-group  list-number  {in | out }
```

如图 8-3 所示，将编制好访问控制列表规则 1 应用于路由器的 fa1/2 接口上，使用如下命令。

```
Router > configure terminal
Router (config) # interface fa1/2
Router (config-if) # ip access-group 1  out
```

8.3 基于编号扩展访问控制列表

扩展型访问控制列表（Extended IP ACL ）在数据包的过滤和控制方面，增加了更多的精细度和灵活性，具有比标准的 ACL 更强大数据包检查功能。扩展 ACL 不仅检查数据包源 IP 地址，还检查数据包中目的 IP 地址、源端口、目的端口、建立连接和 IP 优先级等特征信息。利用这些选项对数据包特征信息进行匹配。

扩展 ACL 使用编号范围从 100～199 的值标识区别同一接口上多条列表。和标准 ACL 相比，扩展 ACL 也存在一些缺点：一是配置管理难度加大，考虑不周很容易限制正常的访问；二是在没有硬件加速的情况下，扩展 ACL 会消耗路由器 CPU 资源。

所以中低档路由器进行网络连接，应尽量减少扩展 ACL 条数，以提高系统的工作效率。

扩展访问控制列 5 表的指令格式如下。

```
Access-list listnumber {permit | deny} protocol source source- wildcard-mask
destination destination-wildcard-mask [operator  operand ]
```

其中：

listnumber 的标识范围为 100～199；

protocol 是指定需要过滤的协议，如 IP、TCP、UDP、ICMP 等；

Source 是源地址；destination 是目的地址；wildcard-mask 是 IP 反掩码；

operand 是控制的源端口和目的端口号，默认为全部端口号 0～65535。端口号可以使用数字或者助记符。

operator 是端口控制操作符 "<"(小于)、">"(大于)、"="(等于)及""(不等于)来进行设置。

其他语法规则中的 deny/permit、源地址和通配符屏蔽码、目的地址和通配符屏蔽码，以及 host / any 的使用方法均与标准访问控制列表语法规则相同。

如图 8-4 所示，企业网络内部结构路由器（一般为三层交换机）连接了二个子网段，地址规划分别为 172.16.4.0/24，172.16.3.0/24。其中在 172.16.4.0/24 网段中有一台服务器提供 WWW 服务，其 IP 地址为 172.16.4.13。

需要进行网络管理任务是：为保护网络中心 172.16.4.0/24 网段安全，禁止其他网络中计算机访问子网 172.16.4.0，不过可以访问在 172.16.4.0 网络中搭建 WWW 服务器。

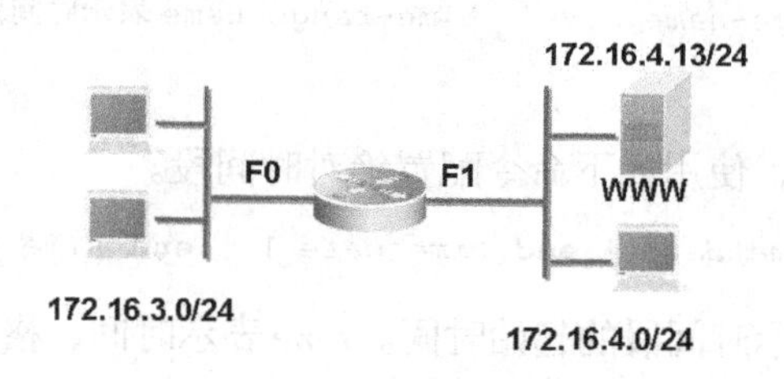

图 8-4　扩展 ACL 应用场景

分析网络任务了解到，需要开放的是 WWW 服务，禁止其他所有服务，禁止来自指定网络的数据流。因此选择扩展的访问控制列表进行限制，在路由器上配置命令为：

```
Router(config)#
Router(config)# access-list 101 permit tcp any 172.16.4.13 0.0.0.0 eq www
Router(config)# access-list 101 deny ip any any
```

设置扩展的 ACL 标识号为 101，允许源地址为任意 IP 的主机访问目的地址为 172.16.4.13 的主机上 WWW 服务，其端口标识号为 80。Deny any 指令表示拒绝全部。

和标准的 ACL 配置一样，配置好的扩展 ACL 需要应用到指定的接口上，才能发挥其应有的控制功能：

```
Router(config)#interface Fastethernet 0/1
Router(config-if)#ip access-group 101 in
```

无论是标准的 ACL 还是扩展的 ACL，如果要取消一条 ACL 匹配规则的话，可以用 no access-list number 命令，每次只能对一条 ACL 命令进行管理。

```
Router(config)# interface ethernet 0
Router(config-if)# no ip access-group 101 in
```

8.4 基于时间访问控制列表技术

在之前介绍的各种 ACL 的规则配置中，我们可以看到每种 ACL 规则后面都有一个可选的参数 **time-range**，此参数表示一个时间段。

在实际的网络控制中，在不同的时间段，常常需要有不同的控制，如在学校的网络中，希望上课时间禁止学生访问学校的某影视服务器，而下课时间则允许学生访问。

在这种需求下，ACL 需要和时间段结合起来应用，即基于时间的 ACL。事实上，基于时间的 ACL，只是在 ACL 规则后面，使用 **time-range** 选项，为此规则指定一个时间段，只有在此时间范围内此规则才会生效，各类 ACL 规则均可以使用时间段。

时间段可分为两种类型：绝对（absolute）时间段、周期（periodic）时间段。

- **绝对时间段**：表示一个时间范围，即从某时刻开始到某时刻结束，如 1 月 5 日早晨 8 点到 3 月 6 日的早晨 8 点。
- **周期时间段**：表示一个时间周期，如每天的早晨 8 点到晚上 6 点，或者每周一到每周五的早晨 8 点到晚上 6 点，也就是说周期时间段不是一个连续的时间范围，而是特定某天的某个时间段。

1．创建时间段

在全局模式下，使用如下命令创建并配置时间段。

```
time-range time-range-name        ! time-range-name 表示时间段的名称。
```

2．配置绝对时间段

在时间段配置模式下，使用如下命令配置绝对时间段。

```
absolute { start time date [ end time date ] | end time date }
```

- start *time date*：表示时间段的起始时间。*time* 表示时间，格式为“hh:mm”。*date* 表示日期，格式为“日 月 年”。
- end *time date*：表示时间段的结束时间，格式与起始时间相同。

在配置绝对时间段时，可以只配置起始时间，或者只配置结束时间。

以下为 2007 年 1 月 1 日 8 点到 2008 年 2 月 1 日 10 点，使用绝对时间段范围表示的配置示例。

```
absolute start 08:00 1 Jan 2007 end 10:00 1 Feb 2008
```

3. 配置周期时间段

在时间段配置模式下，使用如下命令配置绝对时间段。

```
periodic day-of-the-week hh:mm to [ day-of-the-week ] hh:mm
periodic { weekdays | weekend | daily } hh:mm to hh:mm
```

其中

- *day-of-the-week*：表示一个星期内的一天或者几天，Monday，Tuesday，Wednesday，Thursday，Friday，Saturday，Sunday。
- *hh:mm*：表示时间。
- *weekdays*：表示周一到周五。
- *weekend*：表示周六到周日。
- *daily*：表示一周中的每一天。

以下为每周一到周五早晨 9 点到晚上 18 点，使用周期时间段范围表示的配置示例。

```
periodic weekdays 09:00 to 18:00
```

4. 应用时间段

配置完时间段后，在 ACL 规则中使用 **time-range** 参数引用时间段后才生效，但只有配置了 **time-range** 规则才会在指定时间段内生效，其他未引用时间段规则将不受影响。

图 8-5 所示为某公司网络，需要配置访问控制规则，在上班时间（9：00～18：00）不允许员工（172.16.1.0/24）访问 Internet，下班时间可以访问 Internet 上 Web 服务。

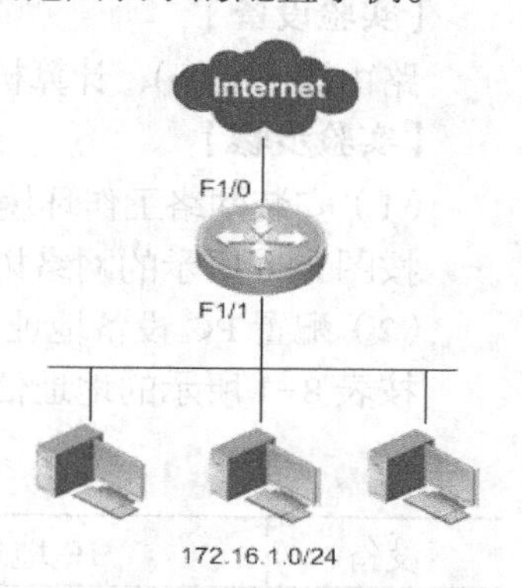

图 8-5 基于时间的 ACL

以下示例为 配置基于时间的 ACL。

```
Router#configure terminal
Router(config)#time-range off-work
Router(config-time-range)#periodic weekdays 09:00 to 18:00
Router(config-time-range)#exit

Router(config)#access-list 100 deny ip 172.16.1.0 0.0.0.255 any time-range off-work
Router(config)#access-list 100 permit tcp 172.16.1.0 0.0.0.255 any eq www

Router(config)#interface fastEthernet 1/1
Router(config-if)#ip access-group 100 in
Router(config-if)# end
```

在以上示例中，第一条 ACL 规则为拒绝 172.16.1.0/24 主机访问 Internet，在此规则中引用一个时间段“off-work”，只有在此时间段定义的时间范围内此条规则才会生效，如果当前时间不在此时间范围内，则系统会跳过此条规则去检查下一条规则，即下班时间可以访问 Internet 的 WWW 服务。

最后，将此 ACL 应用到内部接口的入方向以实现过滤。

【任务实施 1】实施标准访问控制，保护子网安全

图 8-6 所示网络拓扑为某企业网工作场景。

为了保护公司内部用户销售数据安全，实施内网安全防范措施。公司网络核心使用一台三层路由设备，连接公司几个不同区域子网络：一方面实现办公网互联互通，另一方面把办

公网接入 Internet 网络。

之前，由于没有实施部门网安全策略，出现非业务后勤部门，登录到销售部网络，查看销售部销售数据。为了保证企业内网安全，公司实施标准的访问控制列表技术，禁止非业务后勤部门访问销售部网络，其他业务部门如财务部门则允许访问。

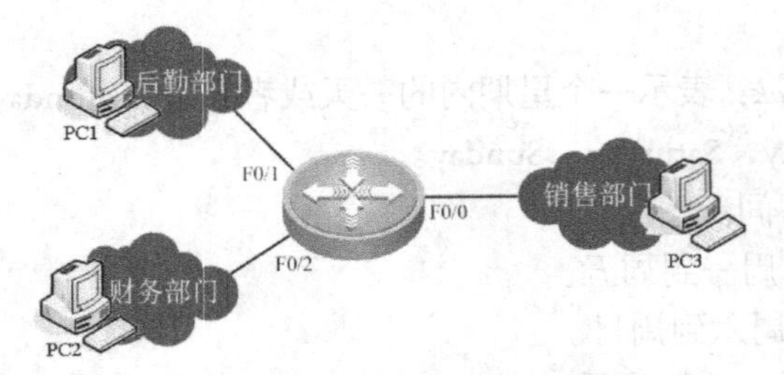

图 8-6　基于编号 IP 标准访问控制列表实验拓扑

【实验设备】

路由器（1 台）、计算机（若干）、双绞线（若干）。

【实验步骤】

（1）安装网络工作环境。

按图 8-6 所示的网络拓扑，连接设备组建网络，注意设备连接的接口标识。

（2）配置 PC 设备地址。

按表 8-1 所示的地址信息，给办公室中设备配置 IP 地址。

表 8-1　办公网地址规划信息

设备	IP 地址	网关	接口	备注
PC1	192.168.1.2/24	192.168.1.1	F0/1	后勤部门 PC
PC2	192.168.2.2/24	192.168.2.1	F0/2	财务部门 PC
PC3	192.168.3.2/24	192.168.3.1	F0/0	销售部门 PC
路由器	192.168.1.1/24	\	F0/1	连接后勤部网络
	192.168.2.1/24	\	F0/2	连接财务部网络
	192.168.3.1/24	\	F0/0	连接销售部网络

（3）配置路由器基本信息。

```
Router # configure
Router(config-if) # int fastEthernet 0/1          ! 配置后勤部门的网络接口
Router(config-if) # ip address 192.168.1.1 255.255.255.0
Router(config-if) # no shutdown
Router(config-if) # exit

Router(config-if) # int fastEthernet 0/2          ! 配置财务部门的网络接口
Router(config-if) # ip address 192.168.2.1 255.255.255.0
Router(config-if) # no shutdown
Router(config-if) # exit
Router(config) # int fastEthernet 0/0             ! 配置销售部门的网络接口
Router(config-if) # ip address 192.168.3.1 255.255.255.0
Router(config-if) # no shutdown
Router(config-if) # end

Router # show ip route                                      ! 查看直连路由表
Codes:  C - connected, S - static,  R - RIP B - BGP
```

```
        O - OSPF, IA - OSPF inter area
        N1 - OSPF NSSA external type 1, N2 - OSPF NSSA external type 2
        E1 - OSPF external type 1, E2 - OSPF external type 2
        i - IS-IS, L1 - IS-IS level-1, L2 - IS-IS level-2, ia - IS-IS inter area
        * - candidate default
Gateway of last resort is no set
C    192.168.1.0/24 is directly connected, FastEthernet 0/1
C    192.168.1.1/32 is local host.
C    192.168.2.0/24 is directly connected, FastEthernet 0/2
C    192.168.2.1/32 is local host.
C    192.168.3.0/24 is directly connected, FastEthernet 0/0
C    192.168.3.1/32 is local host.
```

（4）网络测试①。

按照表 8-1 中规划网络中计算机地址，给所有计算机配置 IP 地址。

从 PC1 计算机测试、访问网络中其他计算机安全验证。

打开后勤部门 PC1："开始" → "CMD" →转到 DOS 工作模式，输入以下命令。

```
ping 192.168.2.2
!!!!        ! 由于直连网段连接，能 ping 通目标 PC2
ping 192.168.3.2
!!!!        ! 由于直连网段连接，能 ping 通目标 PC3
```

由于路由器直接连接 3 个不同部门的子网络，所有网络之间应该能直接通信。

（5）配置基于编号 IP 标准访问控制列表。

20 由于公司禁止内部其他非业务部门（如后勤部）网络访问销售部网络。按照安全规则，禁止来自源网络的数据，可通过标准的 IP ACL 技术实现。

```
Router# configure
Router(config) # access-list 1 deny 192.168.1.0  0.0.0.255
                                               ! 拒绝后勤部门网络访问
Router(config) # access-list 1 permit any      ! 允许其他部门（财务部门）网络访问

Router(config) # int fa0/0                     ! 把安全规则放置在保护目标销售部最近出口
Router(config-if) # ip access-group 1 out      ! 把安全规则使用在接口的出方向上
Router(config-if) # no shutdown
```

（6）网络测试②。

从 PC1 计算机上，使用"ping 命令"测试，访问网络中其他计算机连通。

从 PC1 计算机测试，访问网络中其他计算机安全验证。

打开后勤部门 PC1："开始" → "CMD" →转到 DOS 工作模式，输入以下命令。

```
ping 192.168.2.2
!!!!        ! 由于直连网段连接，能 ping 通目标 PC2
ping 192.168.3.2
....        ! 由于 IP ACL 实施安全规范，不能 ping 通目标 PC3
```

由于在路由器实施标准的访问控制列表技术，保护销售部门网络安全。

因此后勤部门 PC1 计算机，能和办公网中其他计算机（如 PC2）通信，但不能和业务部门销售部计算机 PC3 通信（安全规则规定：禁止后勤部门访问销售部）。

【任务实施 2】实施扩展访问控制，限制网络访问流量

图 8-7 所示网络拓扑，为某企业网北京总部和天津分公司办公网连接工作场景。

公司的总部位于北京，北京总部的网络核心，使用一台三层路由设备连接不同子网，构建企业办公网络。通过三层技术一方面实现办公网互联互通，另一方面把办公网接入 Internet

网络。

公司在外地天津设有一分公司，使用三层设备的专线技术，借助 Internet 和总部网络实现连通。由于天津分公司网络安全措施不严密，公司规定，天津分公司网络只允许访问北京总公司内网中的 Web 等公开信息资源，限制其访问北京总公司内网中共享 FTP 服务器资源。

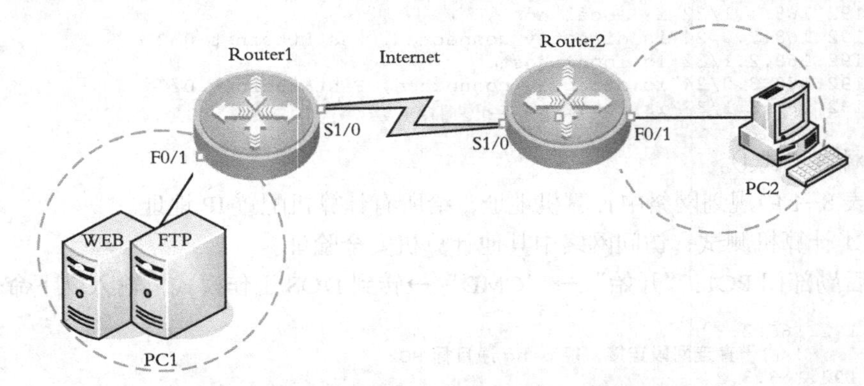

图 8-7 基于编号扩展 IP ACL 访问控制列表网络拓扑

表 8-2 为该企业为两地设备配置的 IP 地址信息。

表 8-2 IP 地址规划信息

设备	接口	接口地址	网关	备注
Router1	F0/1	172.16.1.1/24	\	公司北京总部办公网接口
	S1/0	172.16.2.1/24	\	接入互联网专线接口
Router2	S1/0	172.16.2.2/24		分公司接入互联网专线接口
	F0/1	172.16.3.1/24	\	天津分公司办公网接口
PC1		172.16.1.2/24	172.16.1.1/24	公司总部办公网服务器
PC2		172.16.3.2/24	192.168.3.1/24	天津分公司办公网设备

【实训设备】

路由器（2 台），V35DCE（1 根）、V35DTE（1 根），网线（若干），PC（若干）。

【实验步骤】

（1）安装网络工作环境。

按图 8-7 网络拓扑，连接设备，组建网络，注意设备连接的接口标识。

（2）配置公司北京总部路由器。

```
Router# configure terminal
Router (config) # hostname Router1                    ！配置公司北京总部路由器的名称
Router1(config) # interface fastEthernet 1/0
Router1(config-if) # ip address 172.16.1.1 255.255.255.0     ！配置接口地址
Router1(config-if) # no shutdown
Router1(config-if) # exit

Router1(config) # interface Serial1/0
Router1(config-if) # clock rate 64000             ！配置 Router 的 DCE 时钟频率
Router1(config-if) # ip address 172.16.2.1 255.255.255.0     ！配置 V35 接口 IP 地址
Router1(config-if) # no shutdown
Router1(config-if) # end
```

（3）配置天津分公司路由器。

```
Router# configure terminal
Router (config) # hostname Router2        ! 配置天津分公司路由器的名称
Router2(config) # interface Serial1/0                    ! 配置 Router 的 DTE 接口
Router2(config-if) # ip address 172.16.2.2 255.255.255.0  ! 配置 V35 接口地址
Router2(config-if) # no shutdown
Router2(config-if) # exit

Router2(config) # interface fastEthernet 1/0
Router2(config-if) # ip address 172.16.3.1 255.255.255.0   ! 配置分公司办公网接口地址
Router2(config-if) # no shutdown
Router2(config-if) # end
```

（4）配置路由器单区域 OSPF 动态路由。

```
Router1(config) #                                  ! 配置北京总部路由器
Router1(config) # router ospf                      ! 启用 ospf 路由协议
Router1(config-router) # network 172.16.1.0  0.0.0.255  area 0
Router1(config-router) # network 172.16.2.0  0.0.0.255  area 0
          ! 对外发布直连网段信息，并宣告该接口所在骨干（area 0）区域号
Router1(config-router) # end

Router2(config) #                                  ! 配置天津分公司路由器
Router2(config) # router ospf                      ! 启用 ospf 路由协议
Router2(config-router) # network 172.16.2.0  0.0.0.255  area 0
Router2(config-router) # network 172.16.3.0  0.0.0.255  area 0
          ! 对外发布直连网段信息，并宣告该接口所在骨干（area 0）区域号
Router2(config-router) # end

Router1 # show ip route                            ! 查看公司北京总部的路由表
Codes:  C - connected, S - static,  R - RIP B - BGP
       O - OSPF, IA - OSPF inter area
       N1 - OSPF NSSA external type 1, N2 - OSPF NSSA external type 2
       E1 - OSPF external type 1, E2 - OSPF external type 2
       i - IS-IS, L1 - IS-IS level-1, L2 - IS-IS level-2, ia - IS-IS inter area
       * - candidate default
Gateway of last resort is no set
C    172.16.1.0/24 is directly connected, FastEthernet 0/1
C    172.16.1.1/32 is local host.
C    172.16.2.0/24 is directly connected, serial 1/0
C    172.16.2.1/32 is local host.
O    172.16.3.0/24  [110/51]  via 172.16.2.1, 00:00:21, serial 1/0
                   ! 查看路由表发现，产生全网络的 OSPF 动态路由信息。
```

（5）测试全网连通状态①。

配置全网 PC 的 IP 地址信息。

按照表 24-1 规划地址信息，配置 PC1、PC2 设备 IP 地址、网关，配置过程为：

```
网络 → 本地连接 → 右键 → 属性 → TCP/IP 属性 → 使用下面 IP 地址
```

使用 ping 命令测试网络连通。

打开天津分公司 PC2 机，使用“CMD”→转到 DOS 工作模式，输入以下命令。

```
ping 172.16.3.1
!!!!        ! 由于直连网络连接，天津分公司 PC2 能 ping 通目标网关
ping 172.16.2.1
!!!!        ! 通过动态路由，天津分公司 PC2 能 ping 通公司总部出口网关
ping 172.16.1.2
!!!!        ! 通过动态路由，能 ping 通公司北京总部办公网设备 PC1。
```

（6）配置基于编号 IP 扩展的访问控制列表。

按照公司北京总部的安全规则：只允许分公司的设备访问公司总部网络中的 Web 服务等

公开资源，禁止访问存放内部销售数据库的FTP服务器资源。

由于禁止访问总部内网中的某项服务，按照规则，通过扩展的IP ACL技术实现。

扩展的IP ACL技术可以选择在任意的网络设备配置，都可实现过滤数据包安全。

考虑到扩展IP ACL技术规则匹配IP数据包的精细，建议放置在离数据包出发地点最近设备上配置，更能优化网络传输效率。

```
Router2# configure
Router2(config) # access-list 101 deny tcp 172.16.3.0 0.0.0.255 172.16.1.0 0.0.0.255
            eq ftp                        ! 拒绝天津分公司网络访问北京总部的 FTP 服务
Router2(config) # access-list 101 permit ip any any
                                          ! 允许访问公司其他所有公开服务

Router2(config) # interface  fa0/1        ! 把安全规则放置在数据发源地最近的出口
Router2(config-if) # ip access-group 101 in   ! 把安全规则使用在接口入方向上
Router2(config-if) # no shutdown
Router2(config-if) #end

Router2#show access-lists                 ! 显示全部的访问控制列表内容
……
Router2#show access-lists 101             ! 显示指定的访问控制列表内容
……
Router2#show ip interface f0/1            ! 显示接口的访问列表应用
……
Router2#show running-config               ! 显示配置文件中的访问控制列表内容
……
```

（7）测试全网连通状态②。

打开天津分公司PC2机，使用"CMD"→转到DOS工作模式，输入以下命令。

```
ping 172.16.3.1
!!!!        ! 由于直连网络连接，天津分公司 PC2 能 ping 通目标网关
ping 172.16.2.1
!!!!        ! 天津分公司 PC2 能 ping 通总部网关，因为拒绝 FTP 数据流，不是测试数据流
ping 172.16.1.2
!!!!        !天津分公司 PC2 能 ping 通总部服务器 PC1，拒绝 FTP 数据流，不是测试数据流
```

（8）测试全网连通状态③。

打开北京总公司服务器PC1，使用IIS程序搭建Web网络服务器，搭建FTP网络服务器。使用IIS程序搭建网络服务器过程，见相关的网络上教程，此处省略。

搭建完成相关网络服务器测试环境后，打开天津分公司PC2机，打开IE浏览器程序，测试网络资源共享情况：

```
http:// 172.16.1.2
!!!!        ! 由于允许访问 Web 资源，分公司 PC2 能访问总公司的 Web 服务器。
Ftp:// 172.16.1.2
……          ! 由于拒绝访问 FTP 资源，分公司 PC2 被拒绝访问总公司的 FTP 服务器。
```

PART 9

项目 9 排除网络安全故障

核心技术

- Windows 系统网络管理命令

学习目标

- 掌握使用 Ping 命令测试网络连通
- 掌握使用 Netstat 命令统计网络信息
- 掌握使用 ipconfig 命令查询网络地址
- 掌握使用 ARP 命令查询网络地址缓存
- 掌握使用 Tracert 命令查询网络路由信息
- 掌握 Router 命令查询本机网络路由表

9.1 Ping 命令的基础知识

Ping 命令是 Windows 系统下自带的一个可执行命令，也是网络管理员使用频率最高的命令。网络管理员利用它，不仅可以检查网络是否连通，还能帮助网络管理员分析判定网络故障。

1．什么是 Ping 命令

Ping 是一个典型的网络故障排除工具，内嵌在 Windows 系统中可执行的命令，用来检查网络是否通畅。作为一名网络管理员来说，Ping 命令也是第一个必须掌握的 DOS 命令。

Ping 命令的工作原理是：利用网络上计算机 IP 地址唯一性，给目标计算机 IP 地址发送一个数据包，再要求对方返回一个同样大小数据包，确定两台网络机器是否连接相通，时延是多少。

对于每个发送的数据报文，Ping 最多等待 1s，并统计发送和接收到的报文数量，比较每个接收报文和发送报文，以校验其有效性。

默认情况下，发送 4 个回应报文，每个报文包含 64 字节的数据，这些网络功能的状态是日常网络故障诊断的基础，如图 9-1 所示。

```
C:\Users\Administrator>ping 10.238.2.254

正在 Ping 10.238.2.254 具有 32 字节的数据:
来自 10.238.2.254 的回复: 字节=32 时间=1ms TTL=255
来自 10.238.2.254 的回复: 字节=32 时间=24ms TTL=255
来自 10.238.2.254 的回复: 字节=32 时间=3ms TTL=255
来自 10.238.2.254 的回复: 字节=32 时间=1ms TTL=255

10.238.2.254 的 Ping 统计信息:
    数据包: 已发送 = 4，已接收 = 4，丢失 = 0 (0% 丢失)，
往返行程的估计时间(以毫秒为单位):
    最短 = 1ms，最长 = 24ms，平均 = 7ms
```

图 9-1　使用 Ping 命令检查网络连通

2．Ping 命令的使用方法

打开计算机的 Windows 操作系统，在“开始”菜单，找到“RUN（运行）”窗口，输入“CMD”命令，打开 DOS 窗口。

ping 命令的应用格式是：

```
Ping  IP 地址：   Ping  192.168.1.1
```

该命令还可以添加很多参数：键入 Ping 命令后，按回车，即可看到详细说明。

ping 命令在使用过程中，可以附加相关的参数，主要有：

```
-t        （校验与指定计算机连接，直到用户中断。若要中断可按快捷键：Ctrl+C）；
-a        （将地址解析为计算机名）。
```

3．Ping 测试结果说明

Ping 命令有两种返回结果，相应结果说明如下。

- “Request timed out.”，表示没有收到目标主机返回响应数据包，也就是网络不通或网络状态恶劣。
- “Reply from X.X.X.X: bytes=32 time<1ms TTL=255”，表示收到从目标主机 X.X.X.X 返回响应数据包，数据包大小为 32Bytes，响应时间小于 1ms，TTL 为 255，这个结果表示计算机到目标主机之间连接正常。
- “Destination host unreachable”，表示目标主机无法到达。
- “PING: transmit failed,error code XXXXX”，表示传输失败，错误代码 XXXXX。

4．使用 Ping 判断 TCP/IP 故障

- Ping　　目标 IP

可以使用 Ping 命令，测试计算机名和 IP 地址。如果能够成功校验 IP 地址，却不能成功校验计算机名，则说明名称解析存在问题。

- Ping 127.0.0.1

127.0.0.1 是本地循环地址，如果无法 Ping 通，则表明本地机 TCP/IP 不能正常工作。

- Ping 本机的 IP 地址

用 ipconfig 查看本机 IP，然后 Ping 该 IP，通则表明网络适配器（网卡）工作正常，不通则是网络适配器出现故障。

如下所示，使用 Ping 命令，显示测试结果详细信息。如果网卡安装、配置没有问题，则应有类似下列显示。

```
C:>Documents and Settings\Administrator>ping 192.168.1.1
Pinging 192.168.1.1  with 32 bytes of data:
Reply from 192.168.1.1 : bytes=32 time<1ms TTL=128
Reply from 192.168.1.1 : bytes=32 time<1ms TTL=128
Reply from 192.168.1.1 : bytes=32 time<1ms TTL=128
```

```
Reply from 192.168.1.1 : bytes=32 time<1ms TTL=128
Ping statistics for 192.168.1.1 :
   Packets: Sent = 4, Received = 4, Lost = 0 (0% loss),
Approximate round trip times in milli-seconds:
   Minimum = 0ms, Maximum = 0ms, Average = 0ms
```

如果在 MS-DOS 方式下，执行此命令显示内容为：Request timed out，则表明网卡安装或配置有问题。将网线断开，再次执行此命令；如果显示正常，则说明本机使用的 IP 地址可能与另一台正在使用的机器 IP 地址重复。如果仍然不正常，则表明本机网卡安装或配置有问题，需继续检查相关网络配置。

- Ping 同网段计算机的 IP

Ping 同网段一台计算机的 IP。不通，则表明网络线路出现故障；若网络中还包含路由器，则应先 Ping 路由器在本网段端口的 IP，不通，则此段线路有问题；通则再 Ping 路由器在目标计算机所在网段端口 IP，不通则是路由出现故障；通则再 Ping 目的机 IP 地址。

- Ping 远程 IP

这一命令检测本机能否正常访问 Internet。如本地电信运营商 IP 地址为：202.101.224.69。在 MS-DOS 方式下执行命令：Ping 202.101.224.69，如果屏幕显示：

```
Pinging 202.101.224.69 with 32 bytes of data:
Reply from 202.101.224.69: bytes=32 time=2ms TTL=250
Reply from 202.101.224.69: bytes=32 time=2ms TTL=250
Reply from 202.101.224.69: bytes=32 time=3ms TTL=250
Reply from 202.101.224.69: bytes=32 time=2ms TTL=250
Ping statistics for 202.101.224.69:
   Packets: Sent = 4, Received = 4, Lost = 0 (0% loss),
Approximate round trip times in milli-seconds:
   Minimum = 2ms, Maximum = 3ms, Average = 2ms
```

则表明运行正常，能够正常接入互联网。反之，则表明主机网络连接存在问题。

也可直接使用 Ping 命令，Ping 网络中主机的域名，比如：Ping www.sina.com.cn。

正常情况下会出现该网址所指向 IP，这表明本机的 DNS 设置正确，而且 DNS 服务器工作正常。反之，就可能是其中之一出现了故障。

9.2 ipconfig 命令基础知识

1. ipconfig 命令是什么

ipconfig 命令也是 Windows 系统下自带网络管理工具，用于显示当前计算机的 TCP/IP 配置信息，了解测试计算机的 IP 地址、子网掩码和默认网关。通过查询到计算机的地址信息，有利于测试和分析网络故障，如图 9-2 所示。

```
C:\Users\Administrator>ipconfig

以太网适配器 本地连接:

   连接特定的 DNS 后缀 . . . . . . . : ahdl.com
   本地链接 IPv6 地址. . . . . . . . : fe80::b1ac:f78:bdd0:f638%12
   IPv4 地址 . . . . . . . . . . . . : 10.238.2.10
   子网掩码 . . . . . . . . . . . . : 255.255.255.0
   默认网关. . . . . . . . . . . . . : 10.238.2.254
```

图 9-2 ipconfig 命令使用方法

2. ipconfig 命令的使用方法

ipconfig 命令有不带参数用法和带参数两种用法，分别用于显示当前网络应用中的更多信息内容。

打开计算机 Windows 操作系统，在“开始”菜单，找到“RUN（运行）”窗口，输入“CMD”命令，打开 DOS 窗口。

在盘符提示符中输入：

```
ipconfig   或者   ipconfig /all
```

输入完成后，敲回车相关信息显示如下。

```
Windows IP Configuration                              ! Windows IP 配置
Host Name . . . . . . . . . . . . . : PCNAME          ! 域中计算机名、主机名
Primary Dns Suffix . . . . . . . :                    ! 主 DNS 后缀
Node Type . . . . . . . . . . . . : Unknown           ! 节点类型
IP Routing Enabled. . . . . . . . . : No              ! IP 路由服务是否启用
WINS Proxy Enabled. . . . . . . . . : No              ! WINS 代理服务是否启用
Ethernet adapter:                                     ! 本地连接
Connection-specific DNS Suffix :                      ! 连接特定的 DNS 后缀
Description . . . . . . . . : Realtek RTL8168/8111 PCI-E Gigabi  !网卡型号描述
Physical Address. . . . . . . . . : 00-1D-7D-71-A8-D6       ! 网卡 MAC 地址
DHCP Enabled. . . . . . . . . . . : No                ! 动态主机设置协议是否启用
IP Address. . . . . . . . . . : 192.168.90.114        ! IP 地址
Subnet Mask . . . . . . . . : 255.255.255.0           ! 子网掩码
Default Gateway . . . . . . : 192.168.90.254          ! 默认网关
DHCP Server. . . . . . . . : 192.168.90.88            ! DHCP 管理者机子 IP
DNS Servers . . . . . . . . . : 221.5.88.88           ! DNS 服务器地址
```

3. 使用 ipconfig 命令判断 TCP/IP 故障

- ipconfig

当使用 ipconfig 时，不带任何参数选项，将显示该计算机每个已经配置接口信息：显示 IP 地址、子网掩码和缺省网关值。

- ipconfig /all

当使用 ipconfig 时，带参数 all 选项时，则显示 DNS 和 WINS 服务器配置的附加信息（如 IP 地址等），并且显示内置本地网卡中物理地址（MAC）。如果 IP 地址是从 DHCP 服务器租用，ipconfig 将显示 DHCP 服务器 IP 地址和租用地址预计失效的日期。

- ipconfig /release 和 ipconfig /renew

这是两个附加选项，只能在向 DHCP 服务器租用 IP 地址计算机上起作用。

如果输入 ipconfig /release，那么所有接口租用 IP 地址便重新交付给 DHCP 服务器（归还 IP 地址）。

如果输入 ipconfig /renew，那么本地计算机便设法与 DHCP 服务器取得联系，并租用一个 IP 地址。请注意，大多数情况下，网卡将被重新赋予和以前所赋予相同 IP 地址。

9.3 ARP 基础知识

1. ARP 是什么

ARP 是一个重要的 TCP/IP。在局域网中，已经知道 IP 地址的情况下，通过该协议来确定该 IP 地址对应网卡 MAC 物理地址信息。

在本地计算机上，使用 arp 命令，可查看本地计算机 ARP 高速缓存内容：局域网中计算机 IP 地址和 MAC 地址映射表。此外，使用 arp 命令，也可以用人工方式，输入静态的网卡物理和 IP 地址映射表。

按照默认设置，ARP 高速缓存中的地址信息是动态管理，每发送一个指定数据报，如果高速缓存中不存在该数据包中地址信息时，ARP 便会自动添加该包中地址信息。

但如果输入数据包后不再进一步使用该数据包，保存在缓存中的“物理/IP 地址对”就会在 2～10min 内失效。所以，需要通过 arp 命令查看高速缓存内容时，请最好先 ping 此台计算机。

2．ARP 使用方法

打开计算机 Windows 操作系统，在“开始”菜单，找到“RUN（运行）”窗口，输入“CMD”命令，打开 DOS 窗口。在盘符提示符中输入：

```
arp  -a
```

显示当前计算机的保存的网卡 MAC 地址和 IP 地址 ARP 映射表，如图 9-3 所示。

```
C:\Users\Administrator>arp -a

接口: 10.238.2.9 --- 0xc
  Internet 地址         物理地址              类型
  10.238.2.254          80-f6-2e-d0-b6-90     动态
  10.238.2.255          ff-ff-ff-ff-ff-ff     静态
  224.0.0.2             01-00-5e-00-00-02     静态
  224.0.0.22            01-00-5e-00-00-16     静态
  224.0.0.251           01-00-5e-00-00-fb     静态
  224.0.0.252           01-00-5e-00-00-fc     静态
  239.255.255.250       01-00-5e-7f-ff-fa     静态
  255.255.255.255       ff-ff-ff-ff-ff-ff     静态
```

图 9-3　MAC 地址和 IP 地址 ARP 映射表

3．使用 ARP 判断 TCP/IP 故障

- arp –a

它用于查看高速缓存中的所有项目。Windows 系统用“arp –a”（a 被视为 all，即全部），显示全部 MAC 地址和 IP 地址 ARP 映射表信息。

- arp –a IP

如果有多块网卡，那么使用“arp –a”再加上接口的 IP 地址，就可以只显示与该接口相关的 ARP 缓存项目。

- arp –s IP 物理地址

可以向 ARP 高速缓存中人工输入一个静态项目。该项目在计算机引导过程中将保持有效状态，或者在出现错误时，人工配置的物理地址将自动更新该项目。

- arp –d IP

使用本命令能够人工删除一个静态项目。在命令提示符下，键入：

```
Arp   -a
```

如果使用过 Ping 命令，测试 IP 地址 10.0.0.99 主机连通，则 ARP 缓存显示以下项：

```
Interface:10.0.0.1  on   interface 0x1
Internet Address                 Physical Address      Type
10.0.0.99                        00-e0-98-00-7c-dc     dynamic
```

该缓存项指出位于 10.0.0.99 的远程主机，解析出对应 00–e0–98–00–7c–dc 的 MAC 地址。

9.4　Tracert 命令基础知识

1．Tracert 命令是什么

Windows 系统中的 Tracert 命令，是路由跟踪实用程序，主要用于确定网络中 IP 数据包、在访问目标网络主机时所经过的路径。Tracert 命令用 IP 生存时间（TTL）和 ICMP 错误消息来确定从一个主机到网络上其他主机的路由。

如果网络连通有问题，可用 Tracert 检查到达的目标 IP 地址的路径，并记录经过的路径。通常当网络出现故障时，需要检测网络故障的位置，可以使用 Tracert 命令来确定网络在哪个环节上出了问题，定位准确方便排除如图 9-4 所示。

```
C:\Users\Administrator>tracert 202.102.192.68

通过最多 30 个跃点跟踪
到 cache2.ahhfptt.net.cn [202.102.192.68] 的路由:

  1     2 ms     3 ms     1 ms  10.238.2.254
  2     *        *        *     请求超时。
  3     9 ms     7 ms     8 ms  241.15.22.218.broad.static.hf.ah.cndata.com

  4     8 ms     9 ms     9 ms  61.190.194.169
  5    10 ms    10 ms     7 ms  61.132.160.38
  6    16 ms     6 ms     9 ms  cache2.ahhfptt.net.cn [202.102.192.68]
```

图 9-4 Tracert 路由跟踪实用程序

2. Tracert 命令的工作原理

使用 Tracert 命令向目标网络，发送不同 IP 生存时间 (TTL) 值数据包，Tracert 诊断程序确定到目标所采取的路由。要求路径上的每台路由器在转发数据包之前，至少将数据包上的 TTL 递减 1。

一般，启动 Tracert 程序后，先发送 TTL 为 1 的回应数据包，并在随后的每次发送过程，将 TTL 递增 1，直到目标响应或 TTL 达到最大值，从而确定路由。

当数据包上的 TTL 减为 0 时，路由器应该将“ICMP 已超时”的消息发回源系统。通过检查中间路由器发回“ICMP 已超时”消息，确定网络的路由。

3. Tracert 使用方法

Tracert 命令程序的使用很简单，只需要在 Tracert 后面跟一个 IP 地址即可，确定从一个主机到网络上其他主机的路由。

打开计算机 Windows 操作系统，在“开始”菜单，找到“RUN(运行)”窗口，输入“CMD”命令，打开 DOS 窗口，在盘符提示符中输入：

```
Tracert  ip
```

在下例中，数据包必须通过两个路由器(10.0.0.1 和 192.168.0.1)才能到达主机 172.16.0.99。主机的默认网关是 10.0.0.1，192.168.0.0 网络上路由器 IP 地址是 192.168.0.1。

```
C: >tracert 172.16.0.99 -d
Tracing route to 172.16.0.99 over a maximum of 30 hops
1  2s  3s  2s  10,0.0,1
2  75 ms  83 ms  88 ms  192.168.0.1
3  73 ms  79 ms  93 ms  172.16.0.99
Trace complete.
```

4. 使用 tracert 判断 TCP/IP 故障

可以使用 tracert 命令确定数据包在网络上停止位置。默认网关确定 192.168.10.99 主机没有有效路径。这可能是路由器配置问题，或者是 192.168.10.0 网络不存在（错误 IP 地址）。

```
C:>tracert 192.168.10.99
Tracing route to 192.168.10.99 over a maximum of 30 hops
1  10.0.0.1  reports: Destination net unreachable.
Trace complete.
```

9.5 Route print 命令的基础知识

1. Route print 命令是什么

路由表是用来描述网络中计算机之间分布地图信息表，通过在相关设备上查看路由表信息，可以清晰了解网络中的设备分别情况，从而能及时排除网络故障。

Route print 是 Windows 操作系统内嵌的查看本机的路由表信息命令，该命令用于显示与本机互相连接的网络信息，如图 9-5 所示。

2. Route print 命令的工作原理

为了理解 Route print 命令，查询到的信息代表什么意思，首先需要稍微了解一下三层路由设备器是如何工作的。三层路由设备是安装在不同的子网络中，用来协调一个网络与另一个网络之间的通信指路设备。

```
C:\Users\Administrator>route print
===========================================================================
        网络目标        网络掩码          网关            接口   跃点数
          0.0.0.0          0.0.0.0     10.238.2.254     10.238.2.12     30
       10.238.2.0    255.255.255.0         在链路上       10.238.2.12    286
      10.238.2.12  255.255.255.255         在链路上       10.238.2.12    286
     10.238.2.255  255.255.255.255         在链路上       10.238.2.12    286
        127.0.0.0        255.0.0.0         在链路上         127.0.0.1    306
        127.0.0.1  255.255.255.255         在链路上         127.0.0.1    306
  127.255.255.255  255.255.255.255         在链路上         127.0.0.1    306
        224.0.0.0        240.0.0.0         在链路上         127.0.0.1    306
        224.0.0.0        240.0.0.0         在链路上       10.238.2.12    286
  255.255.255.255  255.255.255.255         在链路上         127.0.0.1    306
  255.255.255.255  255.255.255.255         在链路上       10.238.2.12    286
```

图 9-5 Route print 命令查询到本机路由表

一台三层路由设备一般都连接多个子网络（包含多块网卡，每一块网卡都连接到不同的网段）。当用户需要把一个数据包发送到本机以外一个不同的网段时，这个数据包将被发送到三层路由设备上，该三层路由设备将决定这个数据包应该转发给哪一个网段。

如果这台三层路由设备连接两个网段或者十几个网段，决策的过程都是一样，而且决策都是根据路由表做出，依据路由表指示的地址信息，把该数据包转发到连接的接口上。

3. Route print 命令的使用方法

打开计算机 Windows 操作系统，在“开始”菜单，找到“RUN（运行）”窗口，输入“CMD”命令，打开 DOS 窗口，在盘符提示符中输入：

```
Route  Print
```

使用以上命令后，显示如下信息内容。

```
Network Destination              Netmask          Gateway        Interface  Metric
            0.0.0.0              0.0.0.0    60.15.64.154     60.15.64.154       1
            0.0.0.0              0.0.0.0     192.168.1.1     192.168.1.20      11
        60.15.64.1      255.255.255.255    60.15.64.154     60.15.64.154       1
      60.15.64.154      255.255.255.255       127.0.0.1        127.0.0.1      50
    60.255.255.255      255.255.255.255    60.15.64.154     60.15.64.154      50
         127.0.0.0            255.0.0.0       127.0.0.1        127.0.0.1       1
       192.168.1.0        255.255.255.0    192.168.1.20     192.168.1.20      10
      192.168.1.20      255.255.255.255       127.0.0.1        127.0.0.1      10
         224.0.0.0            240.0.0.0    60.15.64.154     60.15.64.154       1
   255.255.255.255      255.255.255.255    60.15.64.154     60.15.64.154       1
   Default Gateway:         60.15.64.154
```

如上所示，使用“Route print”命令，显示本机路由表信息分为五列，解释如下。

- 第一列是网络目的地址列，列出了本台计算机连接的所有的子网段地址。
- 第二列是目的地址的网络掩码列，提供这个网段本身的子网掩码，让三层路由设备确定目的网络的地址类。
- 第三列是网关列，一旦三层路由设备确定要把接受到的数据包，转发到哪一个目的网络，三层路由设备就要查看网关列表。网关列表告诉三层路由设备，这个数据包应该转发到哪一个 IP 地址，才能达到目的网络。
- 第四列是接口列，告诉三层路由设备哪一块网卡，连接到合适目的网络。

- 第五列是度量值，告诉三层路由设备为数据包选择目标网络优先级。在通向一个目的网络如果有多条路径，Windows 将查看测量列，以确定最短的路径。

9.6 Netstat 命令的基础知识

1．Netstat 命令是什么

Netstat 也是 Windows 操作系统内嵌的命令，是一个监控 TCP/IP 网络非常有用的小工具。

通过 Netstat 命令，显示网络路由表、实际网络连接及每一个网络接口状态信息。显示与 IP、TCP、UDP 和 ICMP 协议等相关统计数据，一般用于检验本机各端口网络连接情况。

2．Netstat 命令的使用方法

Netstat 用于显示与 IP、TCP、UDP 和 ICMP 协议相关的统计数据，一般用于检验本机各端口的网络连接情况。

打开计算机 Windows 操作系统，在“开始”菜单，找到“RUN（运行）”窗口，输入“CMD”命令，打开 DOS 窗口，在盘符提示符中输入：

```
netstat
```

可以显示相关的统计信息，显示结果如图 9-6 所示。

```
C:\Users\Administrator>netstat

活动连接

  协议  本地地址              外部地址              状态
  TCP    10.238.2.2:49186       180.149.132.15:http    CLOSE_WAIT
  TCP    10.238.2.2:49187       180.149.132.15:http    CLOSE_WAIT
  TCP    10.238.2.2:49188       180.149.132.15:http    CLOSE_WAIT
  TCP    10.238.2.2:49231       180.149.134.221:http   CLOSE_WAIT
  TCP    10.238.2.2:49232       180.149.134.221:http   CLOSE_WAIT
  TCP    10.238.2.2:49233       180.149.134.221:http   CLOSE_WAIT
  TCP    10.238.2.2:49234       180.149.134.221:http   CLOSE_WAIT
  TCP    10.238.2.2:49235       180.149.134.221:http   CLOSE_WAIT
  TCP    10.238.2.2:49236       180.149.134.221:http   CLOSE_WAIT
  TCP    10.238.2.2:49237       180.149.134.221:http   CLOSE_WAIT
  TCP    10.238.2.2:49238       180.149.134.221:http   CLOSE_WAIT
  TCP    10.238.2.2:49244       218.30.114.81:http     CLOSE_WAIT
```

图 9-6　Netstat 显示与 IP 连接信息

3．使用 netstat 命令判断 TCP/IP 故障

有时候如果计算机接连接网络过程中出现临时数据接收故障，不必感到奇怪，TCP/IP 可以容许这些类型的错误，并能够自动重发数据报。但累计的出错数目占到相当大百分比，或出错数目迅速增加，那么就应该使用 Netstat 查一查，为什么会出现这些情况。

一般用“netstat –a ”带参数的命令，来显示本机与所有连接的端口情况：显示网络连接、路由表和网络接口信息，并用数字表示，可以让用户得知目前都有哪些网络连接正在运作。

- netstat –s

本命令能按照各协议，分别显示其统计数据。如果应用程序或浏览器运行速度较慢，或者不能显示 Web 页之类数据，那么就可以用本选项，查看所显示的信息。

- netstat –e

它用于显示以太网统计数据。它列出了发送和接收端数据报数量，包括传送数据报总字节数、错误数、删除数、数据报的数量和广播的数量，用来统计基本的网流量。

- netstat –r

它可显示路由表信息。

- netstat –a

显示所有有效连接信息列表，包括已建立连接（ESTABLISHED）与监听连接请求（LISTENING）的连接。

9.7 Nslookup 命令的基础知识

1．Nslookup 命令是什么

Nslookup 是 Windows 操作系统内嵌的命令，是一个监测网络中 DNS 服务器是否能正确实现域名解析的命令行工具，是一个查询域名信息非常有用的小工具。

Nslookup 可以查到 DNS 记录的生存时间，还可以指定使用哪个 DNS 服务器进行解释。

2．Nslookup 命令的工作原理

日常网络维护中，网络管理员在配置好 DNS 服务器、添加相应的记录之后，只要 IP 地址保持不变，一般情况下就不再需要去维护 DNS 的数据文件。不过在确认域名解释正常之前，最好是测试一下所有的配置是否正常。

许多人会简单地使用 Ping 命令检查一下就算了。不过 Ping 指令只是一个检查网络联通情况的命令，虽然在输入的参数是域名的情况下，会通过 DNS 进行查询，但是它只能查询 A 类型和 CNAME 类型的记录，而且只会回告域名是否存在，其他的信息一概没有。如果需要对 DNS 的故障进行排错，就必须熟练另一个更强大的工具 Nslookup。这个命令可以指定查询的类型，可以查到 DNS 记录的生存时间，还可以指定使用哪个 DNS 服务器进行解释。

3．nslookup 命令的使用方法

打开计算机 Windows 操作系统，在"开始"菜单，找到"RUN（运行）"窗口，输入"CMD"命令，打开 DOS 窗口，在盘符提示符中输入：

```
Nslookup
```

查询后显示的结果，如图 9-7 所示。

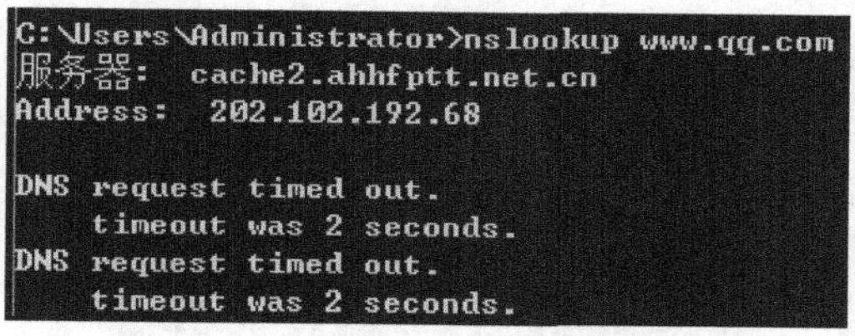

```
C:\Users\Administrator>nslookup www.qq.com
服务器:  cache2.ahhfptt.net.cn
Address:  202.102.192.68

DNS request timed out.
    timeout was 2 seconds.
DNS request timed out.
    timeout was 2 seconds.
```

图 9-7　Nslookup 解析域名地址

以上查询正在工作 DNS 服务器主机名为 ahhfptt，它的 IP 地址是 202.102.192.68。

4．使用 Nslookup 命令判断 TCP/IP 故障

假设本机所在的网络中，已经搭建了一台 DNS 服务器 linlin，该服务器已经能顺利实现正向解析的情况下（解析到服务器 linlin 的 IP 地址为：192.168.0.1）。那么它的反向解析是否正常呢？也就是说，能否把 IP 地址 192.168.0.1 反向解析为域名 www.company.com？

同上步骤，在命令提示符 C:\>的后面键入："nslookup 192.168.0.1"，得到结果如下。

```
Server: linlin
Address: 192.168.0.5
Name: www.company.com
Address: 192.168.0.1
```

这说明，DNS 服务器 linlin 的反向解析功能也正常。

● 故障 1

然而，有的时候，键入"nslookup　www.company.com"，却出现如下结果。

```
Server: linlin
Address: 192.168.0.5
*** linlin can't find www.company.com: Non-existent domain
```

这种情况说明：网络中 DNS 服务器 linlin 在工作，却不能实现域名 www.company.com 的正确解析。此时，要分析 DNS 服务器的配置情况，看是否 www.company.com 这一条域名对应的 IP 地址记录已经添加到了 DNS 的数据库中。

● 故障 2

有的时候，键入"nslookup www.company.com"，会出现如下结果。

```
*** Can't find server name for domain: No response from server
*** Can't find www.company.com : Non-existent domain
```

这时说明测试主机在目前的网络中，根本没有找到可以使用的 DNS 服务器。此时，要对整个网络的连通性做全面的检测，并检查 DNS 服务器是否处于正常工作状态，采用逐步排错的方法，找出 DNS 服务不能启动的根源。